Y DYRNWR MAWR
YM MÔN A LLŶN

Y Dyrnwr Mawr
ym Môn a Llŷn

gan

Emlyn Richards
a Twm Elias

Diolchiadau
Hoffem ddiolch i'r canlynol am eu cefnogaeth:
Charles Parry, Aberystwyth;
Wil a Marilyn Hughes, Amlwch;
Staff Archifdai Coleg Prifysgol Bangor, Gwynedd a Môn
a llu o bobl fu'n barod i rannu eu hatgofion
am y diwrnod dyrnu.
Hefyd, Gwasg Carreg Gwalch.

Argraffiad cyntaf: 2017

(h) testun: Emlyn Richards a Twm Elias

Cedwir pob hawl. Ni chaniateir atgynhyrchu unrhyw ran/rannau
o'r gyfrol hon mewn unrhyw ddull na modd
heb drefniant ymlaen llaw gyda'r cyhoeddwyr.

Rhif rhyngwladol: 978-1-84527-628-7

Cynllun clawr: Sion Ilar

Cyhoeddwyd gan Wasg Carreg Gwalch,
12 Iard yr Orsaf, Llanrwst, Conwy, LL26 0EH.
Ffôn: 01492 642031 Ffacs: 01492 641502
e-bost: llyfrau@carreg-gwalch.com
lle ar y we: www.carreg-gwalch.com

Argraffwyd a chyhoeddwyd yng Nghymru.

Lluniau'r clawr:
Blaen – Diwrnod dyrnu Amlwch a'r Cylch 2002,
efo Queenie yn troi'r Ransomes
Cefn – Huw Williams Teilia yn codi sgubau,
diwrnod dyrnu Amlwch, 2002

Cydnabyddiaeth lluniau:
Archifdai Gwynedd a Môn; AMG. GEN. CYMRU;
Cyclopaedia of Agriculture; Cymd. Dyrnu Amlwch a'r Cylch;
Google Images; Fferm a Thyddyn;
William Owen, Borth-y-gest; Twm Elias.

Cynnwys

Rhagymadrodd	6
Pennod 1: Hau a medi	10
Yr amaethwyr cynharaf	10
Datblygu offer medi	11
Pwysigrwydd sguboriau	16
Y sgubor a'r llawr dyrnu	17
Awyru	19
Sgubor ddegwm	20
Pennod 2: Prosesu'r cropiau	22
Y Dulliau cyntefig o ddyrnu	24
Y Ffust	26
Nithio	32
Colio	34
Pennod 3: Mecanyddio'r dyrnu	36
Y dyrnwr bach	36
Y foelar stêm	39
Y dyrnwr mawr	42
Gwrthwynebwyr	45
Y dyrnwr medi	58
Pennod 4: Hierarchiaeth y criw dyrnu	62
Y dyn dyrnwr	63
Y criw dyrnu	71
Llygod	74
Pennod 5: Cinio dyrnu	78
Y cinio digymar	78
Cinio'r gwahanol ardaloedd	86
Pennod 6: Iechyd a diogelwch	90
Pennod 7: Cylchdaith y dyrnwr	102
Pennod 8: Ail ddyrnaid	112

Y Dyrnwr – Rhagymadrodd

Peth naturiol iawn oedd i'r ddau aeth ati i lunio'r gyfrol hon gydweithio. Un yn gasglwr o fri – hel straeon (nid clecs!) yw un o brif ddiddordebau Twm Elias – a'r llall, Emlyn Richards, yn draddodwr ffraeth a phortreadwr cymeriadau heb ei ail. Mae gan y ddau brofiad ac atgofion melys o ymweliad blynyddol y dyrnwr mawr pan oeddent ychydig yn 'fengach nag yr ydynt heddiw. Yr hwyl o rannu'r atgofion hynny a llu o straeon doniol, dwys a digri glywyd ganddynt yn Llŷn a Môn yn bennaf, oedd yr ysgogiad i ddarparu'r arlwy sydd o'ch blaen. Penderfynwyd cadw at y ddwy ardal honno o ran cyfleuster yn anad dim, ond gan wybod hefyd bod hanes y dyrnwr, a hyd yn oed y mathau o straeon glywyd, yn siŵr o daro tant ac yn sicr o godi gwên, lle bynnag y b'och.

O holl weithgareddau byd y fferm hyd at ryw dri chwarter y ffordd drwy'r ugeinfed ganrif mae'n debyg mai'r diwrnod dyrnu adawodd yr argraff ddyfnaf yn y cof. Byddai ymweliad 'Gwyllt beiriant yr ysguboriau' a'r criw o gymdogion fyddai eu hangen i'w weithio yn golygu diwrnod hwyliog a chynhyrchiol oedd yn llawn delweddau cofiadwy. Gwaith trwm a llychlyd yn aml ond y gwmnïaeth, y tynnu coes a'r achlysur ei hun nid yn unig yn ei ysgafnhau ond yn chwa o awyr iach ymysg gorchwylion arferol y fferm.

Dyma ddigwyddiad eiconig ar sawl lefel. Hon oedd gweithred ola'r cynhaeaf a byddai'n cwblhau cylch cyflawn o had i had, o'r hau yn y gwanwyn hyd y boddhad ar ddiwedd y diwrnod mawr ar ddechrau'r gaeaf o sawru, teimlo a chlywed y grawn euraidd yn llithro rhwng eich bysedd yn y biniau llawn yn llofft yr ŷd. Dyma fesur o lwyddiant y flwyddyn a byddai'r dyrniad cyntaf, ym mis Tachwedd, yn sicrhau porthiant i'r anifeiliaid dros y gaeaf ac, ar un adeg, bara ar fwrdd y teulu. O'r ail ddyrniad ddechrau'r flwyddyn y deuai'r ŷd hadyd i ailgychwyn y cylch.

Yn ei ddydd y dyrnwr mawr, hyd ddyfodiad y combein neu ddyrnwr medi, oedd y peiriant amaethyddol mwyaf ei faint a'r mwyaf ei gymhlethdod peirianyddol a welwyd erioed ar unrhyw fferm. Roedd yn cyflawni sawl swyddogaeth dechnolegol: yn dyrnu'r grawn o'r brig; yn nithio neu wahanu'r peiswyn a'r baw a hadau chwyn o'r ŷd; yn didoli'r grawn yn ôl ei safon i'r puryd, manyd neu ail-ŷd a gwagyd ac yn arllwys y gwellt yn gyfleus unai ar lwyfan y byrnwr neu i'w godi'n das o wellt rhydd.

Os nad oedd y dechnoleg yn ddigon i'w ryfeddu ato, roedd ei sŵn yn unigryw hefyd: cloncian y sgydwrs wrth iddynt chwydu'r gwellt; chwyrnellu anghyson y drwm fyddai'n llamu wrth i ysgub arall gael ei bwydo i'w safn anniwall; pit-patian y gograu yn ei grombil; si cyson y grawn yn disgyn i'r sachau a phob mathau o synau anhysbys eraill o'i wahanol gymalau. Yn gynnar yn y ganrif, cyn y daeth rhu byddarol y tractor i'w disodli, clywid pwffian yr injan stêm neu dracshon, heb anghofio wrth gwrs, chwiban y stêm yn y bore i alw'r criw ynghyd i ddechrau'r gwaith. Y tractor neu'r stêm fyddai'n troi'r beltiau i yrru'r peiriannau a chlywid clec gyson wrth i'r rifedau oedd yn uno deupen y belt daro'r pwlis wrth fynd rownd. A beth am sŵn ram y Jones Baler a'i fraich fawr fyddai'n codi a gostwng i wasgu'r gwellt i'r siambr a chlincian y stwffwl mawr yrrid â llaw i dynnu'r gwifrau i glymu'r byrnau? Byddai angen ail dractor i droi'r byrnwr a mwy o sŵn fyth. Synau diflanedig yr oes a fu, nid llai.

Byddai'r drefniadaeth neu'r lojistics ar gyfer cylchdaith y dyrnwr yn golygu cryn dipyn o waith. Perchennog y dyrnwr neu'r dyn dyrnwr a weithiai ar ei ran fyddai'n gyfrifol am hynny a byddai wedyn i fyny i'r gwahanol ffermydd drefnu rhyngddynt i hwyluso'r broses drwy symud yr offer o un fferm i'r llall, cael criw at ei gilydd ac i'r merched ddod at ei gilydd i ddarparu digon o fwyd i'r fintai. Os y dyrnwr oedd y mwyaf o ran ei faint a'i gymhlethdod o holl beiriannau amaethyddol ei gyfnod, gellir dweud bod y trefniadau oedd eu hangen ar gyfer ei weithio hefyd ymysg y mwyaf cymhleth.

Ystyriwch hefyd, mewn oes gyn-ddigidol a chyn i linellau ffôn gyrraedd cefn gwlad, sut y llwyddwyd i gysylltu rhwng pawb. Digwyddai hynny'n weddol rwydd mewn cymdogaeth glòs. Roedd gan bawb amcan go dda o'r hyn oedd ei angen a phryd, ac roeddent yn meddu ar hyblygrwydd, oedd yn hanfodol yn wyneb tywydd anwadal, a pharodrwydd i ymateb ar fyr rybudd. Am 8 o'r gloch y bore yn Hafod y Wern, Clynnog, gofynnid: "Oes 'na ddyrnu i fod heddiw yn Bryscyni?" Ac os gwelid lliain gwyn ar y llwyn eithin ger y tŷ, yr ateb fyddai: "Oes, ffwrdd â chi hogia!"

Ar gyfer y diwrnod ei hun byddai angen criw o rhwng dwsin a phymtheg o leiaf at y gwaith, olygai ddau neu dri ar y brig neu'r das i daflu'r sgubau; dau ar y llwyfan i fwydo'r behemoth; dau gryf i gario'r sachau ŷd llawn i'r llofft uwchben y sgubor; un i gario ymaith y peiswyn o dan fol y dyrnwr; dau i godi'r gwellt rhydd yn das ac un neu ddau arall i'w osod a'i sadio dan draed. Os mai'r Jones Baler oedd ar waith yn hytrach na chodi tas wellt rydd byddai angen un i ofalu am y gwifrau i glymu'r byrnau, dau i gario a chodi'r byrnau trymion i'r gowlas ac un neu ddau arall i'w gosod yn eu lle. Yn nyddiau'r stêm byddai'r enjinïar â'i bot oel yn gofalu am rediad esmwyth yr offer a bachgen i gario dŵr drwy'r dydd i ddisychedu'r foelar.

Y gweithwyr yn y gadlas oedd y rhain. Yn y tŷ roedd criw arall gweithgar yn ddygn baratoi'r cinio dyrnu a'r te a chacennau at ddiwedd y dydd. Byddai hen baratoi wedi bod o flaen llaw i gael popeth at ei gilydd a chryn lojistics i amseru'r llysiau, tatws, cig a phwdin i'r dim erbyn hanner dydd. Byddai'n orchest gystadleuol rhwng merched y gwahanol ffermydd am y cinio gorau yn y gylchdaith. Ceid digon o hwyl a thynnu coes yn y gegin yn ogystal â'r gadlas, gyda phawb yn gweithio'n galed a chyd-dynnu'n drefnus.

Oedd, roedd sawl swyddogaeth a phawb yn gwybod ei le yn unol â'i nerth a'i allu i greu tîm effeithiol. Tebyg iawn i dîm rygbi mewn gwirionedd – pasio'r bêl rygbi fel yr ysgub o un i'r llall; y cryfaf yn y sgrym yn yr un achos yn cyfateb i'r cariwr sachau yn y llall a rhaid i'r blaenwyr osod y bêl yn gywrain fel yr oedd yn ofynnol i'r taswr osod y gwellt neu'r byrnau'n gadarn rhag dymchwel y das. A rhaid oedd cael capten i arwain y gad. Roedd y dyn dyrnwr yn gymeriad unigryw ac uchel ei barch. Ef fyddai'n gyfrifol am y gylchdaith oedd yn gamp ynddi ei hun weithiau. Ef fyddai'n gosod y peiriannau yn berffaith wastad yn eu lle rhag taflu'r beltiau a byddai ei glust yn pigo unrhyw sŵn nad oedd mewn tiwn â gweddill y côr o berseiniau peirianyddol. Mae boddhad rhyfeddol i'w gael o weld tîm effeithiol yn mynd drwy waith, dim ots ym mha faes, ac roedd hynny'n wir iawn ar ddiwrnod dyrnu.

Ond roedd mwy hyd yn oed na hynny i'r diwrnod arbennig hwn. Roedd o'n achlysur cymdeithasol o bwys ac yn ddathliad o gymdogaeth dda. Ffermydd gwasgaredig yw ein patrwm anheddu ni'r Cymry, gyda phawb yn gweithio'n annibynnol o'i gilydd ac yn annibynnol eu barn hefyd i raddau helaeth. Er hynny roedd yn hanfodol parchu a chydweithredu â'ch cymdogion, megis i hel defaid o'r mynydd, cneifio, cymhortha adeg y cynhaeaf, dyrnu ac yn anffurfiol ar adegau eraill. Yr oedd parodrwydd i helpu cymydog yn fynegiant nid yn unig o gyfeillgarwch cymdeithasol ond hefyd yn fath o fuddsoddiad o ewyllys da fyddai'n sicrhau cymorth mewn cyfyngder i chwithau pan fyddai angen.

Felly'n sicr efo'r dyrnu. I gael y nifer angenrheidiol i wneud y gwaith byddai angen cymorth cymdogion ac fel yr elai'r dyrnwr ar ei gylchdaith dymhorol drwy'r gymdogaeth, ceid trefniant i ffeirio llafur i gyrraedd y niferoedd priodol o ddwylo. Felly, os oeddech chi'n derbyn diwrnod o gymorth gan eich cymydog neu un o'i weision, roeddech chwithau'n talu'r ddyled yn ôl pan ddeuai ei dro yntau i ddyrnu. Byddai derbyn diwrnod o waith gan ddeg cymydog yn golygu y byddech chi, y mab neu'r gwas yn cyfrannu cyfanswm o ddeg niwrnod yn ôl. Llafur am lafur, deg am ddeg, oni fyddai hynny'n deg?

'Does dim byd yn newydd yn hyn, fuodd yna unrhywbeth yn newydd erioed 'dwch? Os awn yn ôl i'r Canol Oesoedd gwelwn bod cydweithredu a rhannu gwaith yn rhan hanfodol o'r drefn gymdeithasol. Disgrifia Cyfraith Hywel Dda, oedd yn gyfraith gontract ymysg y goreuon, sut y deuai timau o gymdogion at ei gilydd, er enghraifft, i aredig. Byddai cytundeb aredig ar y cyd yn golygu y byddai pob un fyddai'n rhan o'r gontract yn cyfrannu offer, ychen neu lafur yn ôl yr hyn yr oedd ganddynt i'w gynnig. I aredig deuddeg erw felly, fyddai'n erw yr un i ddeuddeg o ffermydd, byddid yn trefnu cylchdaith, i'r hon y cyfrannai un o'r cyfranwyr ffrâm yr arad bren; un arall y swch a'r cwlltwr haearn; cyfrannai wyth arall ychen yr un; byddai un yn aradrwr rhwng cyrn yr aradr ac un arall yn eilwad fyddai'n galw'r ychain yn eu blaenau.

Onid oedd y gylchdaith aredig Ganol Oesol yn debyg o ran ei threfniant i gylchdaith y dyrnwr? Hawdd olrhain felly draddodiad hir iawn o gydweithredu cylchdeithiol yn hanes ein hamaethu. Bu'n rhan o'n diwylliant o gyfnod cynnar iawn a 'does ryfedd yn y byd felly i gylchdaith y dyrnwr mawr daro tant, fel y gwnaeth, ar sawl lefel.

Twm Elias
Mai 2017

Pennod 1

Hau a Medi

Yr amaethwyr cynharaf
Hela a chasglu ffrwythau a hadau fyddai'r dyn cyntefig gwreiddiol, yn symud yn dymhorol dros ardal eang i ennill ei fywoliaeth. Teithiai yn unedau teuluol bychain, fel y gwna rhai o gyn-frodorion Awstralia hyd heddiw, gan ddibynnu ar fyd natur i gyflenwi cynhyrchion defnyddiol gwahanol gynefinoedd yn eu tro. Yn ôl Desmond Morris, mae cryn dipyn o'r heliwr ynom o hyd. Onid ysfa'r heliwr a ddaw allan ynom wrth chwarae neu'n amlycach fyth wrth wylio chwaraeon o bob math – rhedeg, ymlid, trechu a dal? Yn yr un modd, 'saethu' anifail neu aderyn â chamera yn hytrach na saeth neu wn wna naturiaethwyr ein dyddiau ni.

Ond gan bwyll aeth dyn ati i drin y tir a byw ar gynnyrch y ddaear. Tebyg mai yn yr ardal adnabyddir fel 'Y Gilgant Ffrwythlon', sy'n ymestyn o Balesteina drwy ogledd Syria, Irac ac i lawr afonydd Tigris ac Ewffrates i'r môr yng Ngwlff Arabia y digwyddodd hynny gyntaf. Roedd hynny ryw 12-15,000 o flynyddoedd yn ôl. Rhaid cofio bod Oes y Rhew yn dal yn ei grym yn y dyddiau hynny a bod hinsawdd y Gilgant Ffrwythlon yn wlypach na heddiw ac yn cynnal coedwigoedd a chryn dipyn o dir agored fyddai'n cael ei gadw'n borfa gan yrroedd o anifeiliaid gwylltion megis yr ewig a'r afr-ewig.

Byddai'r amodau hyn yn ffafriol iawn i ffyniant y mathau o weiriau ac ydau gwylltion a ddatblygwyd yn ddiweddarach yn gnydau ein hoes fodern ni. Roedd yr helwyr-gasglwyr cynnar yn ymwybodol o werth bwytadwy hadau'r ydau cyntefig a phan ddechreuodd rhai amddiffyn lleiniau ohonynt drwy gadw'r anifeiliaid draw, fel y gellid eu cynaeafu at y gaeaf, daeth newid graddol yn ffordd o fyw pobl. Cafwyd cerrig melino i falu'r grawn yn flawd yn dyddio o tua 11-10,000 CC mewn sawl man drwy'r ardal ac yn raddol arweiniodd hyn at ffordd o fyw llai crwydrol.

Y cam nesa oedd dechrau rheoli a dofi preiddiau yn hytrach na'u hela. Defaid a geifr o'r mynydd-dir gerllaw yn gyntaf, ryw 8-9,000 CC, am fod eu natur preiddiol a hylaw yn eu gwneud yn hawdd i'w dofi a'u bugeilio. Oddeutu mil o flynyddoedd yn ddiweddarach y dofwyd gwartheg. Erbyn 7,500-7,000 CC roedd yr amaethyddiaeth newydd gyntefig hon wedi esgor ar bentrefi, amddiffynfeydd, cloddiau a chaeau, a chawn wareiddiad sefydlog am y tro cyntaf. Buan y datblygodd y cymunedau mwy poblog hyn drefn gymdeithasol allasai reoli'r wlad o'u cwmpas ac a esgorodd cyn bo hir ar wareiddiadau soffistigedig y Dwyrain Canol.[1]

Nid oedd y Gilgant Ffrwythlon yn unigryw fel crud amaethyddiaeth. Ychydig yn ddiweddarach, yn y dyffryn ffrwythlon a gyfoethogir gan Afon Nîl, datblygwyd yn annibynnol yr arfer o feithrin a hau cnydau, tra ar lannau Afon Ganges yng ngogledd yr India, reis gwyllt, aelod arall o deulu mawr y gweiriau a'r ydau, oedd y cnwd dewisol. Yn y rhandiroedd ffrwythlon hyn gallai miloedd o bobl yn fwy na chynt fyw heb ofn na phryder am eu cynhaliaeth.

Datblygu offer medi

Yn y broses araf yma o droi'r heliwr yn amaethwr, agorodd byd newydd llewyrchus iddo ac aeth ati i ddatblygu a gwella ei ddulliau i drin y tir a'r cnydau. Rhan bwysig o hynny oedd dyfeisio a datblygu offer i fedi'r cynhaeaf. Y mae medi yn hen dechneg a ddaeth o'r Dwyrain Canol yn y cyfnod Beiblaidd. Y cryman neu'r cryman-medi oedd yr erfyn holl bwysig i fedi'r cynhaeaf. Dyma'r erfyn cynharaf y cyfeirir ato yn Llyfr Deuteronomium, ym mhennod 23: 'Os byddi'n mynd trwy gae ŷd dy gymydog, cei dynnu tywysennau â'th law, ond paid â gosod cryman yn ŷd dy gymydog.'

Un o'r awduron yn dal cryman medi o eiddo y llall

Defnyddid yr erfyn arbennig yma i fedi ceirch a haidd – cawn bedwar cyfeiriad Beiblaidd ato: 'Yr wyt i gyfrif saith wythnos, gan ddechrau o'r diwrnod cyntaf y rhoddir y cryman yn yr ŷd' – (Deut.); yna Jeremiah – 'Torrwch ymaith o Fabilon yr heuwr, a'r sawl sy'n trin cryman ar adeg medi'. Ac meddai'r proffwyd Joel –

Dull yr Eifftiaid o dorri ŷd gyda chryman haearn yn uchel ar y coesyn. Llun ym meddrod Mereruka, oddeutu 2,300 CC.

'Curwch eich ceibiau'n gleddyfau a'ch crymanau'n waywffyn' – yn gwbl groes i ddymuniad y proffwyd Micha. Bu i gloddio ym Mhalesteina ddarganfod rhai enghreifftiau o grymanau, erfyn bychan ar hanner tro. Mae'r hynaf ohonynt yn llawn o fflint hiciog gyda'r carn pren wedi'i gysylltu i'r llafn â phŷg; ychydig iawn o enghreifftiau o'r crymanau efydd diweddarach a ganfyddwyd; cafwyd llawer iawn mwy o grymanau haearn â'u carnau wedi'u cysylltu i'r llafn â hoel-ddeuben ac eraill wedi'u cysylltu mewn soced.

Byddai'r medelwr yn cwmanu gyda chryman medi bychan yn ei law dde ac yn cydio mewn sypynnau o'r ŷd â'i law chwith ac yn torri tua phedair modfedd o dan y brig. Wrth dorri mor agos i'r brig byddai'n osgoi y chwyn (efrau) a oedd yn fyrrach o dipyn na'r ŷd a thrwy hynny yn llwyddo i wahanu'r 'efrau oddi wrth y gwenith'. Gan nad oedd y gwellt yn ddefnyddiol iddynt, doedd y dull yma o dorri ddim yn golled gan y byddent yn llosgi'r sofl a'r efrau a'u troi'n fath o wrtaith i'r tir.

Yna byddent yn cynnull sypiau bychan o'r brig at ei gilydd i'w rhwymo'n ysgubau byr ac yna eu cario mewn basgedi mawr i'r llawr dyrnu. Ceir cyfeiriad at yr arfer yn Llyfr y Salmau: 129:7 – 'Ni leinw byth law'r medelwr na gwneud coflaid i'r rhwymwr'. Roedd hon yn broses araf ryfeddol ac nid rhyfedd y byddai'r cynhaeaf ŷd yn gofyn gwasanaeth y gwragedd a'r plant gyda'r dynion a wnâi'r trymwaith. Y gwragedd a'r plant fyddai'n cynnull ac yn rhwymo'r ysgubau a'r dynion yn eu cario i'r llawr dyrnu.

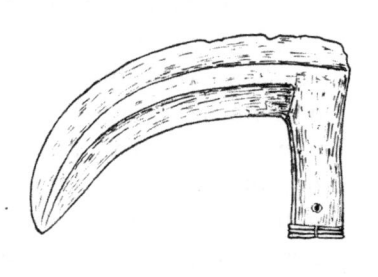

Cryman Oes Haearn o Llyn Fawr, Morgannwg, c.500 CC

Yng Nghymru gyn-hanesyddol roedd y dull o fedi yn hynod o debyg i'r Dwyrain Canol, gyda chrymanau bychain o efydd a haearn yn y cyfnodau cynnar ac yna crymanau hirach erbyn y Canol Oesoedd.

Plygai'r medelwyr yn isel gan fachio'r ŷd yn sypiau lond llaw ac yna ei dorri yn y bôn a'i osod yn sypiau ar rwymyn o wellt i'w cynnull yn 'sgubau. Byddai'r medelwyr yn gweithio mewn grwpiau gyda'r dynion yn crymanu a'r merched a'r plant yn cynnull a stwcio. Dyma'r erfyn, y cryman medi, a ddefnyddid hyd at ddechrau'r 19eg ganrif. Erbyn canol y ganrif honno, yr oedd llafurwyr y tir yn prinhau wrth iddynt symud i'r trefi diwydiannol newydd a chan fod y crymanu yn ddull araf iawn ac yn gofyn am dyrfa o fedelwyr, bu raid meddwl am ddull amgenach. Ond er dyfod y pladur, yr erfyn newydd, mynnai'r bobl lynu wrth y cryman a oedd wedi magu rhyw berthynas arbennig â'r cynhaeaf. Mi roedd llawer iawn o hen ofergoelion ynglŷn â chynhaeaf ŷd yn enwedig. Ond, ar waetha'r rhwystrau gydag amser, fe enillodd y pladur ei le a pha ryfedd gan fod iddo'r fath fanteision. Fe allai pladurwr da dorri acer o wenith mewn diwrnod neu gymaint â dwy acer o ŷd gwanwyn.

Yr oedd dau fath o bladur i'w cael, pladur â chawell oedd un a'r llall yn bladur noeth, dim ond y llafn. Ond er dyfod y pladur, eto yr oedd yn bechod anfaddeuol i neb mewn sawl man fedi gwenith â phladur; mae'n debyg fod yna hen hen gyfraith neu ddefod a oedd yn gwahardd hyn.

Mi roedd gan yr Iddewon sawl cyfraith ynglŷn â chynhaeaf a

ddiogelwyd hyd ddyddiau diweddar. Yr oedd llawer o'r cyfreithiau hyn yn ymorol am y tlawd a'r anghenus yn y gymdeithas – rhyw fath o 'wasanaeth cymdeithasol' yr hen fyd. Mi ddarllenwn yn Lefiticus: 'Pan fyddi'n medi cynhaeaf dy dir, nid wyt i fedi at ymylon y maes na chasglu lloffion dy gynhaeaf'. Y mae'r cyfeiriad yn Deuteronomium yn fwy diddorol fyth: 'Pan fyddi wedi medi dy gynhaeaf ond wedi anghofio ysgub yn y maes, paid â throi yn ôl i'w chyrchu; gad hi yno ar gyfer y dieithryn, yr amddifad a'r weddw'. Mi fydde cryn sylw i'r ysgub olaf gan gertwyr Llŷn a Môn hyd at ddyddiau'r combein. Mi fydde hen ddefod gwlad yn mynd yn ôl o leiaf i'r 18fed ganrif. Pan fyddai amaethwr wedi cael y cynhaeaf i ddiddosrwydd, arferid casglu a phlethu wyth neu ddeg o dywysennau o ŷd yn dusw taclus a elwid Y Gaseg, ac yna byddai'r medelwyr yn cyrchu i gae wrth y tŷ ac yn lleisio'u hwrê yn uchel i'r meistr. Yna byddent yn gweiddi'n uwch fyth, 'I ble yr anfonwn y Gaseg nesaf?'. Yna, ar gyfarwyddyd y ffarmwr aent i fferm gyfagos a oedd heb gael y cynhaea i mewn ac yno y gadawent Y Gaseg a fyddai yn symbyliad i'r ffarmwr hwnnw i fwy o ddiwydrwydd i gael ei gynhaeaf i mewn yn gynt.[2]

Yn amlwg, er y caledwaith, yr oedd amser cynhaeaf yn amser o lawenydd mawr yng nghefn gwlad. Er cael y pladur yr oedd angen criw mawr o ddynion. Yn ei gofnod am Awst 10fed, 1736 fe ddywed William Bwcle'r Brynddu, Llanfechell fod yno un ar bymtheg o ddynion yn pladuro haidd ar ei fferm ac ar Fedi 4ydd, 1735 fe gofnoda: '*I have 14 people binding of corn, some of it not at all dry*'. Ond er fod yno gymaint o ddynion, eto dyma ddywaid yn ei ddyddiadur am Hydref 11eg, 1755 – mae'n amlwg fod hwn yn ddyddiad pwysig iawn yn y Brynddu. Y noson honno fe noda yn ei ddyddiadur iddo gael y cynhaeaf i gyd i mewn – '*it lasted for 44 days*' – chwe wythnos! Yn ddiddorol iawn mae ganddo gyfrif manwl yn null yr oes o faint y cynhaeaf:

449 stwc o haidd
200 stwc o geirch gwyn
122 stwc o geirch du
148 stwc o geirch cwta
39 stwc o wenith
32 stwc o rug

A chaniatáu y byddai chwech neu wyth ysgub ymhob stwc, doedd hwn ddim yn grop trwm iawn o gymharu â chropiau heddiw. Cyn dyddiau'r economi ariannol yng Nghymru, erbyn diwedd yr 17eg ganrif yr oedd pob fferm o'r bron yn hunan-gynhaliol. Er mor anaddas fyddai'r tir o ddiffyg gwrtaith pwrpasol, yr oedd yn rhaid tyfu grawn, digon i gynnal y teulu a'r stoc a digon o hadyd ar gyfer y tymor nesaf, ac os yn bosibl cael gweddill i'w werthu yn y farchnad. Ond erbyn diwedd y 18fed ganrif, yr oedd y cynhyrchion yn isel iawn a llawer o'r cropiau yn methu. Er hyn i gyd fe ymdrechai ffermwyr llawr gwlad i ateb y galw lleol am ŷd ac ar dymor da mi fyddai William Bwcle'r Brynddu yn llwyddo ychydig pan ddeuai'r masnachwr grawn heibio.

Ond faint bynnag o grop a fyddai, pladur oedd yr erfyn i'w fedi ac ambell gryman medi yn y tyddynnod lleiaf. O'i gymharu â'r cryman, âi'r pladur drwy gryn dipyn mwy o waith. Yn ôl Huw Evans, Cwm Eithin, 'tasg medelwr oedd torri hanner cyfair â'r pladur a'i rwymo mewn diwrnod'. Fel y cyfeiriwyd yr oedd cynhaeaf yn y 18fed ganrif a'r 19eg ganrif yn gofyn am dyrfa o ddynion a merched a phlant ac o ganlyniad byddai'n achlysur cymdeithasol iawn. Yr oedd perthynas agos rhwng y ffermydd a'i gilydd ac yn arbennig rhwng y tyddynnwyr a'i gilydd. Byddai'r ffermwyr yn cynorthwyo'i gilydd i dorri ac i gynnull yr ydau; 'ffeirio' oedd enw'r arferiad yma yn Llŷn ac yn Sir Fôn. Gan na fyddai eto ddigon o ddwylo i'r cynhaeaf ar y ffermydd mwyaf, yr oedd digon o lafurwyr crwydrol i'w cael yn y cyfnod yma, amryw byd o Iwerddon a sawl pladurwr gorchestol o'r cyffiniau hefyd. Byddai'r medelwyr hyn yn gweithio mewn grwpiau, y dynion yn pladuro a'r merched a'r plant yn seldremu'r ŷd yn 'sgubau yn barod i'w rhwymo. Yna byddai'r plant, gan amlaf, yn codi'r 'sgubau, chwech neu wyth, i ffurfio stwc. Byddent yn rhannu'n drioedd, dau bladurwr ac un ferch neu blentyn yn seldremu'r wanaf.

Yr oedd dwy ffordd o bladurio; y fwyaf cyffredin fyddai 'torri i fewn', sef torri'r wanaf fel y byddai'r ŷd yn disgyn ar sawdl yr ŷd ar ei draed. Byddai'n rhaid codi'r wanaf honno cyn y gallai'r pladurwr gymryd at y wanaf nesaf. Dyma'r dull mwyaf cyffredin o dorri ŷd gyda phladur. 'Torri allan', oedd y dull arall, yn gywir fel lladd gwair gan symud y wanaf oddi wrth yr ŷd ar ei draed; gyda'r dull yma fyddai dim rhaid seldremu a symud yr ŷd i wneud lle i wanaf arall. Yr oedd y dull yma yn fuddiol ar dywydd gwlyb er mwyn rhoi cyfle i'r ŷd sychu cyn ei gynnull a'i rwymo.

Ond cyfrinach bennaf y pladurwr oedd ei ddawn i hogi'r pladur; yr oedd honno'n grefft arbennig iawn. Codai bob bwlch a thro ar y min, yna codai'r pladurwr y pladur ar ei ysgwydd gyda'r llafn tro yn syth o'i flaen, gafaelai'n gadarn â'i law chwith ym môn y llafn gan dynnu'r stricbren gyda grut tew wedi'i gydio'n gyfforddus mewn bloneg caled, yna tynnu'r pren hogi yn ddefosiynol dros fin y llafn gan gyflymu hyd at y diwedd gyda dwy striciad araf; bron na theimlem ei fod yn tynnu miwsig fel pe bai'n ffidlwr cywrain. Byddai gan bob pladurwr gorn buwch wedi cau ei geg i gario'r grud a phapur menyn tew i gadw'r saim. Tybed a fu i rywun yn rhywle recordio miwsig y pladurwr â'i stricbren?

Byddai'r ŷd yn ei stwc am oddeutu tair wythnos neu fwy iddo sychu a chynaeafu yn y gwynt, y glaw a'r heulwen. Yr oedd gosod yr ysgubau'n stwc yn grefft arbennig er mwyn eu cadw rhag y glawiau. Fe allai stwciwr crefftus osod y sgubau yn y fath fodd nad elai'r un diferyn drwyddynt. Wedi'r hau, y crymanu a'r pladurio, rhaid fyddai cywain i sguboriau, chwedl yr Esgob William Morgan. Daeth y sgubor yn un o'r adeiladau pwysicaf ar fuarth y fferm; yno yr oedd cynhaliaeth dyn ac anifail.

Pwysigrwydd sguboriau
Yn y cyfnod cynnar cynnar ni fyddai galw am sguboriau o faint ar gyfrif y dull o fedi. Cydiai'r medelwr mewn dyrnaid o goesennau'r ŷd o fewn rhyw bedair modfedd o'r brig â'i law chwith ac yna'i dorri â'r cryman medi yn ei law dde. Golygai hyn mai swm bychan iawn a oedd i'w ddiddosi gan y byddai'r swm mwyaf o'r coesennau heb eu torri. Nid yn unig fe adewid sofl hir heb ei dorri ond byddai'r chwyn a'r efrau a oedd yn fyrrach yn cael eu gadael ar ôl gan sicrhau fod y grawn yn lanach. Byddent yn troi'r gwartheg i bori'r chwyn ac yna llosgi'r sofl tal gan nad oedd ddefnydd i'r gwellt. Yr oedd sawl dull o gadw'r grawn cyn y sgubor. Un dull fyddai torri twll mawr yn y ddaear a'i wynebu â cherrig tra y byddai eraill yn dewis llestri pridd o gryn faint. Gan y byddai llawer o ladrata grawn yn yr oes honno, byddai'r storfa yn y ddaear neu ogofâu yn lle diogel iawn (gweler Jeremiah 41:8) – 'Y mae gennym yn y maes gronfa gudd o wenith, haidd, ac olew a mêl.'

Ond gyda chynnydd mewn tyfu ŷd, arweiniodd hynny at adeiladu sguboriau i ymdrin â'r cropiau. Mae'n wir mai adeiladau digon cyntefig oedd y rhain ar y cychwyn, a'u diben oedd cysgodi'r cynhaeaf rhag yr elfennau ac i gael llawr dyrnu dan yr unto. Bu sgubor â rhan holl bwysig yn y broses o amaethu. Ceid gwellt yn wely i'r anifeiliaid a phorthiant i ddyn a'i anifeiliaid ac roedd yn gynllun i gynhyrchu tail yn wrtaith i'r tir. Dyma broses sydd wedi dal hyd ddechrau'r 21ain ganrif. Bu cynhyrchu tail yn fodd i gynyddu'r cropiau a bu raid iddynt ehangu'r sguboriau a newid eu patrwm. Yr oedd deupen y sgubor yn cadw'r ysgubau a'r gwellt wedi ei ddyrnu, tra roedd y gowlas ganol ar gyfer y llawr dyrnu. Fe geid dwy sgubor yn y ffermydd mwyaf, un i gadw'r gwenith i'w werthu a'r sgubor arall ar gyfer ceirch a haidd at iws y fferm.

Hyd at y 19eg ganrif, y sguboriau fyddai unig storfa'r cynhaeaf er y ceir ambell enghraifft o godi teisi allan yn y maes yn y ffermydd mwyaf. Mor gynnar â'r 17eg ganrif, cyfeiria Robert Bwcle'r Ddronwy o Lanfachraeth, Sir Fôn iddo ar Fedi 24ain, 1631 godi tas o geirch er iddo'n gynharach yn ei ddyddiadur sôn am godi sgubor yn y Ddronwy. Ond yn y 19eg ganrif, y daeth y das i fri a chyda hi lawer iawn o orchest gystadleuol yn y grefft o dasu a thoi.

Yr Ydlan

Dewisol fan i deisi, – cawn olud
    Ein Cynhaliwr ynddi;
  Mae ŷd y caeau medi
  A thw haf dan ei tho hi.

J. Rhys Daniels, Pontyberem

Y sgubor a'r llawr dyrnu

Yn ei dydd y sgubor oedd brenhines adeiladau'r fferm gyda'i drysau mawr talgryf; y drysau hyn oedd anadl einioes y sgubor. Agorai un drws yn syth i'r llawr dyrnu gyda drws arall o'r un maint yn syth gyferbyn. Ffurfiai'r llawr dyrnu lwybr rhwng y cowlesi y naill ochr. Fe geid math o bentis i gysgodi dros lwyth o ŷd â'i din allan i'r tywydd, mewn rhai sguboriau. Yr oedd cabanau fel hyn yn gysgod da i'r drysau hefyd. Yr oedd rhyw orchest bensaernïol i'r canopïau hyn er mwyn creu argraff ar y ffermwyr llai. Gan y byddid yn nithio'r grawn yn y sgubor, yr oedd

Dyrnu mewn sgubor (Illustrated London News 1846)

yn bwysig i'r drysau wynebu i dwll y gwynt, y gorllewin gan amlaf.

    Fe sonia Eurwyn Wiliam am dri math gwahanol o ddrysau sgubor o'r 17eg ganrif i'r 18fed ganrif. I'r math cyntaf ceir dau ddrws mawr o'r un maint – 2.10 metr o uchder ac 1.70 metr o led mewn ffrâm drom. Y mae dwy ran y drws wedi eu hongian yn y top a'r gwaelod ar golynnau pren cryf wedi eu dolennu trwy estyllen y drws lle mae twll.

    Y mae'r ail fath yn ddrysau llawer iawn mwy cyffredin gyda drws uchel ar un pen o'r llawr dyrnu ond drws llawer iawn llai gyferbyn, tebyg i ddrws stabal a dipyn mwy na drws beudy. Gan fod un drws lawer yn llai na'r llall, doedd dim modd gyrru'r troliau trwodd ar draws y llawr dyrnu a byddai raid bagio'r drol a'i llwyth i'w ddyrnu. Wynebai'r drws mwyaf i bentref o adeiladau'r fferm. Defnyddid y drws lleiaf i dynnu drafft i nithio ac i gario gwellt i'r gwartheg a borthid allan.

    Y math mwyaf cyffredin oedd y sgubor gyda dau ddrws bach o boptu'r llawr dyrnu. Roedd y math yma o sgubor yn llawer mwy cyffredin yn y ffermydd lleiaf a'r tyddynnod. Gan nad oedd mynedfa i'r troliau i'r sgubor, fe geid agennau yn waliau'r sgubor, digon o faint fel y gellid lluchio'r ysgubau drwyddynt i'r llawr dyrnu. Mesurent tua 1.5

metr o uchder ac 1 fetr o led, ac roeddent rhyw fetr a hanner yn uwch na lefel y llawr dyrnu. Roedd hi'n llawer mwy helbulus ac yn hirach i ddadlwytho yn y sgubor yma. Ond gyda digon o ddwylo, fe geid yr ysgubau i'r gowlas. Byddent yn ofalus tu hwnt yn tasu'r ysgubau yn y gowlas gan eu cywasgu'n soled.[3] Mae hanes am y gwas bach yn Neigwl Plas, un o ffermydd mawr Llŷn ar lannau afon Soch, yn marchogaeth merlen ar y gowlas o wair a dichon y byddai'n arferiad i galedu'r ŷd hefyd. Y pwrpas pennaf dros gywasgu'r ydau fyddai sicrhau na allai llygod bach a llygod mawr gartrefu a bwydo ym mol y gowlas.

Llawr dyrnu yn sgubor Cristin, Ynys Enlli (1980au)

Awyru

Roedd awyru yn hynod o bwysig i gadw'r cropiau yn y sguboriau rhag gor-boethi a llwydo. Ar wahân i'r drysau enfawr gyferbyn â'i gilydd, fe geid cloeriau neu agennau yn y waliau a'r rheiny'n ddigon tebyg i agennau saethu yn yr hen gestyll. Fe geid un agen ar gyfer pob cowlas yn y sgubor a sawl un eto ar y talcen. Mewn rhai ardaloedd fe geid tyllau awyru trionglog a fyddai'n fynedfa i'r tylluanod. Yr oedd pob croeso i'r ymwelwyr pluog i ddifa'r llygod a phob rhyw gnofilod eraill a fyddai'n difetha'r ydau. Mi fyddai'r llygod mawr a bach yn siŵr o wneud eu ffordd i'r gowlas naill ai drwy'r lloriau pridd neu drwy'r waliau bregus. Fe wnâi'r llygod gryn golled ar y cropiau yn y maes ac yn y sgubor. Yn ddiddorol iawn, mewn llythyr ar Awst 26ain, 1762, at ei frawd, sonia William Morris am y tywydd gwlyb ac anffafriol i gael y cynhaeaf: 'Cawsom yma'n ddiweddar wlaw trwm iawn a gwyntoedd, ond bellach mae'r hîn yn oer ac yn wyntog er lles yr ŷd sydd ar lawr. Dydd Llun bu gennyf dri dyn yn medi fy holl ŷd, a mawr nid ychydig oedd y drafferth: Llygod Norwy yn ei ysu oddiar ei draed.'[4] Pla o Lygod Ffrengig oedd y rhain a dyma'r cofnod cyntaf bod y creaduriaid hyn wedi cyrraedd Cymru.

Cwynai tenantiaid Stad y Rhiwlas yn y Bala yn y 19eg ganrif am gnofilod hefyd. Roedd Dafydd Roberts wedi cymryd tenantiaeth Llannerch Eryr, fferm ar y stad, a chollodd chwe acer o'r ŷd i'r cwningod. Gorfu i'r stad dalu deuddeg punt o iawn iddo. Saethodd wyth saethwr dros fil o wningod ar y fferm yn 1883.[5]

Sgubor ddegwm

Aeth y sgubor ddegwm fel y sguboriau eraill i berthyn i greiriau ddoe. Fe gadwyd yr enw mewn ambell ardal yn enw tŷ bellach i nodi'r fan lle y bu'r sgubor ac i'n hatgoffa o ddyddiau'r gorthrwm. Mae i'r degwm wreiddiau dwfn yn y Beibl aiff â ni yn ôl i'r Dwyrain Canol. Wrth wahodd y genedl i ddychwelyd, fe ddywed Amos y proffwyd: ' . . . dygwch eich aberthau bob bore a'ch degymau bob tridiau'. Ac fe ddarllenwn yn Llyfr Genesis (14:20): 'A rhoddodd Abram ddegwm o'r cwbl'.

Daeth y fynachaeth Sistersaidd i Gymru gyda'r Tywysogion Cymreig ac yna, fel y bu i'r Normaniaid goncro'r wlad, rhannwyd llawer o'r tiroedd i urddau crefyddol eraill o'u dewis nhw. Rhannwyd y tiroedd hyn yn faenorau o gryn faint gydag adeiladau a iard fferm ar bob un. Defnyddid rhan o'r sgubor i storio degwm y plwyf hwnnw. Yr oedd offeiriad â gofal dros bob plwyf drwy'r wlad a chai ei dalu â degwm o'r cynnyrch.[6] Yn ddiddorol iawn, yn ôl Tirlyfr Eglwys Tregaian Môn am 1826, yr oedd yr arferiad o ddegymu'r cynnyrch ym mhlwyf Tregaian yn digwydd er cyn cof. Yr oeddynt i gynnull yr ŷd mewn ysgubau ond ni ddylent eu stwcio onibai fod ganddynt gytundeb gynt gyda'r casglwr degwm.[7] Roedd dyletswyddau ac elw degymau'r plwyfi yn llaw'r mynachlogydd, colegau ac yn ddiweddarach y tirfeddiannwr gyda ficeriaid i gario'r dyletswyddau. Roedd gan y sefydliadau hyn i gyd sguboriau i storio'r degymau. Yn wir, rhwng pawb fe frithwyd cefn gwlad â sguboriau. Roedd sguboriau degwm y fynachaeth o wneuthuriad arbennig: yr oeddynt dair neu bedair gwaith yn hirach na'u lled, adeilad hir-gul o wneuthuriad cadarn o gerrig a tho serth gyda drysau mawr ar y canol gyda chanopi i'w hamddiffyn. Wedi diddymu'r mynachlogydd yng nghyfnod Harri VIII roedd y sgubor ddegwm rheithorol a'i dilynodd yn llawer llai gan na chedwid ond cynhyrchion tiroedd y plwyf.

Ond yn 1836 gwnaed y broses yn un gyfreithiol gan Ddeddf

Cymudiad y Degwm. Yn sgil y ddeddf yma cynhyrchwyd mapiau a dyraniadau sy'n ffynhonnell wych o wybodaeth am gefn gwlad Cymru yn y 1830au a'r 1840au. Newidiodd y ffordd o dalu'r degwm o ganlyniad i'r ddeddf hon, drwy dalu arian yn hytrach na degfed ran o'r cynnyrch. Yr oedd y taliad wedi'i seilio ar gyfartaledd pris ŷd dros gyfnod o saith mlynedd. Pe ceid blwyddyn o elw gwael, byddai'r brotest yn ailafael ac yn cynyddu. Bu'r protestiadau hyn yn ffyrnicach yn Sir Ddinbych nag unrhyw fan arall gan fod y ffermwyr yn drwm dan ddylanwad Thomas Gee o Ddinbych a'i bapur newydd, Baner ac Amserau Cymru, wyntyllodd y protestio mor effeithiol. Fodd bynnag, erbyn canol y 19eg ganrif, yr oedd y degymau wedi'u troi'n arian ac yn ddiweddarach fe'u diddymwyd yn llwyr. O ganlyniad fe ddiddymwyd y sguboriau degwm er eu bod eisoes wedi dirywio'n arw. Cawn enghraifft o arallgyfeirio o ganlyniad i'r newid yma yn Llanbedrog ar Benrhyn Llŷn pan drowyd y Sgubor Ddegwm yn Ysgol Genedlaethol yn 1870,[8] tra yr aeth Sgubor Ddegwm yn Nhregele ger Cemaes ar Ynys Môn yn dŷ a ail-adeiladwyd yn yr 21ain ganrif. Bellach does gennym ond yr enw yn aros. Ond ar y cyfan, ychydig iawn o'r hen sguboriau o unrhyw fath neu gyfnod sy'n aros. Dyw hi'n rhyfeddod yn y byd fod cymaint yn Sir Fôn – Môn Mam Cymru; yno'r oedd y cwpwrdd bwyd. Mae'n debyg yr etifeddodd yr Ynys yr enw yma ar gyfrif ei thir trwm i godi cropiau mawr o ŷd; o ganlyniad mae yma o hyd ar dir yr Henblas, Llangristiolus sgerbwd o hen sgubor fawr a'r tywydd wedi ei di-doi hi'n ddi-dostur. Fe'i hadeiladwyd yn 1776 ar godiad tir manteisiol gryn bellter o iard y fferm sydd mewn pant. Gresyn na fyddai modd i'w hadfer a'i diogelu i'r oes a ddêl fel y gwnaed i Felin Llynnon yn Llanddeusant Môn.

---

[1] 'Hanes Amaethyddiaeth 1', yn *Fferm a Thyddyn* 54 (2014)
[2] *Bygones*. Dec 18, 1872: Folk-lore – Trees and Plants, tud. 110
[3] Eurwyn Wiliam o *The Historical Farm Buildings of Wales* (1986), tud. 154-156
[4] *The Letters of the Morris Brothers of Anglesey (1728-1765) Vol II*, tud. 504
[5] Einion Thomas: *Ciperiaid, Ffesantod, Potsiars a Pholitics – Stad y Rhiwlas* (1859-1880)
[6] Eurwyn Wiliam: *The Historical Farm Buildings of Wales*, tud. 146
[7] Trafodion Hynafiaethwyr a Naturiaethwyr Môn (1934)

Pennod 2

Prosesu'r Cropiau

Y Dywysen

Hen olud er cynhaliaeth – yw t'wysen
   At eisiau dynoliaeth;
   Y llawnaf, mwyaf ei maeth
Yn holl hanes ein lluniaeth.

Edward Williams, Dolanog

Er yn gynnar yn hanes dyn, er mor anaddas y tir, yr oedd yn rhaid iddo dyfu digon o rawn i gynnal ei deulu, pesgi ei anifeiliaid a cheisio sicrhau hadyd ar gyfer tymor arall, ac os yn bosibl i gael peth ar gyfer y farchnad. Ydau fyddai'r cropiau i gyd o'r bron. Mewn oes a ddibynnai ar nerth bôn braich yn unig, ychydig iawn o gropiau a dyfid ar wahân i ychydig o ŷd yn y tiroedd gorau.

Mathau lleol o 'hen ŷd y wlad' fyddai'r cnydau; haidd a cheirch yn bennaf gyda rhywfaint o wenith ar y tiroedd mwyaf cynhyrchiol ac ychydig o ryg yma ac acw ar y tiroedd salaf. Ni fu rhyg yn gyffredin iawn yng Nghymru, nid i'r un raddfa â chyfandir Ewrop o bell ffordd. Fodd bynnag fe lwyddwyd yn rhyfeddol i gynhyrchu digon i gael bara i ateb gofynion lleol. Graddol iawn fu datblygiadau yn arferion trin y tir dros y ddwy ganrif – yr 17eg ganrif a'r 18fed ganrif – ond drwy'r 19eg ganrif yn sgil datblygiadau diwydiannol y cyfnod, bu cynnydd mawr yn y boblogaeth ac yn naturiol mwy o ofyn am fwyd. Yn fwy na hynny, fel y cynyddai'r boblogaeth drefol a diwydiannol newydd, roedd rhaid i bobl y tir gynhyrchu ar raddfa oedd yn gynyddol fwy na'u hanghenion eu hunain i'w diwallu. Bu i'r newyn am fara droi yn newyn am godi cynnyrch ac amgáu tiroedd.

Fel y cynyddodd y cropiau ŷd, ceirch yn fwyaf arbennig, yr oedd celfyddyd cynaeafu yn dal yn ddigon cyntefig.

Yng Nghymru daeth y pladur â chryn newid i'r cynhaeaf gan

ysgafnhau peth ar waith y medelwyr a chyflymu ychydig ar y gwaith. Mi fedrai pladurwr medrus dorri acer o wenith mewn diwrnod a dyna ragori ar y cryman medi. Ond er cyflymed yr erfyn newydd, yr oedd yn rhaid wrth gymaint o ddwylo yn y cynhaeaf. O dipyn i beth fe dynnwyd cymdogaeth at ei gilydd yn yr arfer o 'ffeirio'. Dyma arferiad a fu'n gymwynas gymdeithasol dda – ffermwyr a thyddynwyr yn helpu'i gilydd. Yn y gwmnïaeth yma fe ddatblygodd gorchestion cydrhwng y pladurwyr â'i gilydd; nid yn y pladuro roedd y gelfyddyd ond yn hytrach yn yr hogi – yr hogwr gorau oedd y pladurwr gorau. Gwyddai'r hogwr i'r dim faint o saim a faint o grud i'w roi ar y pren hogi i gael y min awchlym, byddai eraill yn defnyddio calan hogi (carreg hogi) i gael min brasach a fyddai'n gofyn am hogi amlach.

Ond er hwylused y pladur fe ddaeth peiriant i'w ddisodli. Erbyn tua chanol y 19eg ganrif, dyfeisiodd yr Americanwr Cyrus McCormick beiriant a dynnid gan geffyl ac ynddo lafnau tryfal yn symud yn ôl a blaen trwy fysedd o ddur – dyma'r peiriant lladd gwair cyntaf a fu'n chwyldro i'r cynhaeaf. Daeth y peiriant yma i Gymru cyn diwedd y 19eg ganrif. Bu sawl datblygiad peirianyddol yn y cyfnod hwn, yn cynnwys

Ripar breichiog (Massey Harris)
Sioe Hen Beiriannau, Aberteifi 1989

y 'ripar' oedd yn gosod yr ŷd yn ystodiau cyfleus i'w rwymo'n ysgubau â llaw. Erbyn 1878 yr oedd McCormick wedi datblygu'r beindar gyda'i glymwr pwrpasol i glymu'r ysgubau â llinyn a ddaeth yn boblogaidd yn yr Amerig ac yn nhiriogaeth yr ydau yn Lloegr. Ond 'dyw cynhaeaf ŷd ddim yn gorffen yn y sgubor – y cam nesa yw ei ddyrnu.

William Hughes (Wil Betws), Cemaes yn torri ŷd yn Penrallt, Penrhyd, Amlwch ar gyfer y diwrnod dyrnu drefnwyd gan Gymdeithas Dyrnu Amlwch a'r Cylch yn 1998

Y dulliau cyntefig o ddyrnu

Bu cryn ddyfeisgarwch i ddidoli'r grawn o'r gwellt yn y broses o ddyrnu. Sbardunodd y dyrnu'r fath amrywiaeth o ddyfeisgarwch, aiff â ni yn ôl eto i'r Dwyrain Canol at wawr gwareiddiad ac i'r Hen Destament.

Wedi'r cywain i'r sguboriau bydd raid dyrnu'r ŷd, y broses hen honno i ddidoli'r grawn o'r gwellt. Mae'n debyg mai'r dull cynharaf o ddyrnu fyddai hongian yr ysgub ar wal a'i chwipio â gwialen neu ei churo â ffon gan adael i'r grawn syrthio i'r llawr. Dyma'r dull y cyfeiria'r proffwyd Eseia ato yn yr 8fed ganrif Cyn Crist, eto wrth ddyfynnu hen ddihareb Iddewig:

> '... ond dyrnir ffenigl â ffon,
> a'r cwmin â gwialen.'
>
> (Eseia 28:27)

Ond y dulliau mwyaf cyffredin o ddyrnu symiau mwy o ŷd yn y cyfnod yma fyddai taenu'r ysgubau ar y llawr dyrnu ac yna cerdded yr ychen neu anifail arall a fyddai wedi eu pedoli'n drwm. Cerddent yn ôl a blaen gan din-droi o fewn ffiniau'r llawr dyrnu. Gwaith blinderog iawn i unrhyw anifail ac yn dâl am eu llafur yr oedd pob hawl i'r anifail fwyta'r gwellt o dan ei draed. Y mae adnod i brofi'r pwnc eto yn yr achos yma, yn Llyfr Deuteronomium (25:4) – daw y rhybudd o Lyfr y Gyfraith:

> 'Nid wyt i roi genfa am safn ych tra byddo'n dyrnu.'

Dilynwyd y dull yma o ddyrnu trwy ddefnyddio math o gar-llusg i'w lusgo dros y sgubau. Mi gyfeiria'r proffwyd Eseia, yn yr hen ddihareb y cyfeiriwyd eisoes ati:

> 'Nid â llusgen y dyrnir ffenigl
> ac ni throir olwyn men ar gwmin.'

Yn y dull yma o ddyrnu byddai'r ychen yn tynnu'r sled dros y sgubau ar y llawr dyrnu a byddai dyn neu ddau weithiau yn sefyll ar y sled i roi pwysau arni. Yr oedd pegiau o fetel neu gerrig miniog wedi'u gosod o dan y sled ddyrnu a oedd yn gweithredu fel og yn llyfnu dros dir âr. Heb os mi fyddai'r dull yma'n hynod effeithiol gyda'r dannedd yn rhygnu a rhwbio'r ŷd nes deuai'r grawn o'r gwellt. Nid rhyfedd i'r fath syniad gael ei ddefnyddio'n ffigurol gan y proffwyd Amos 1:4:

> '... am iddynt ddyrnu Gilead
> â llusg-ddyrnwyr haearn,
> anfonaf dân ar dŷ Hasael,'

Cyfeiriad sydd yna at y disgiau haearn a oedd yn troi oddi tan y sled ddyrnu haearn – yr 'olwyn men' y sonia'r proffwyd Eseia amdani (Eseia 28:27). 'Fe welir y dulliau hyn o ddyrnu gyda'r sled hyd heddiw mewn rhannau o Asia ac Affrica,'[1] meddai Eurwyn Wiliam.

Y ffust

O'r dulliau cyntefig hyn o ddyrnu, mae'n debyg mai'r dull cynharaf fu curo'r ysgub â ffon neu wialen. Crogid yr ysgub ar wal yna byddai'r grawn yn syrthio i gynfas lân ar y llawr dan bwysau'r curo cyson neu fe roddid yr ysgubau ar lawr soled glân ac yna eu curo ac yna codi'r gwellt a'i ysgwyd i adael y grawn ar y llawr. Mae'n naturiol i'r ffust ddatblygu o'r dull yma o ddyrnu'r ydau am y byddai, fel y deuai galw am dyfu mwy o ydau, angen cyflymu'r broses o ddyrnu. Roedd y ffon yn ateb y diben

Dyrnu â ffust yn y Canol Oesoedd

o ddyrnu sypiau bychan o ŷd at ddefnydd y tŷ, fel y darllenwn yn Llyfr Ruth 2:17 – 'Bu yn lloffa . . . hyd yr hwyr a phan ddyrnodd yr hyn yr oedd wedi ei loffa cafodd tuag effa o haidd.' Yn anffodus does dim cyfeiriad at y dull gymrodd y ferch o wlad Moab i ddyrnu. Fodd bynnag does dim gair yn yr iaith Hebraeg am 'ffust' ac o ganlyniad does wybod pryd y troes y ffon yn ffust, ond mae'n ddigon teg dyddio'r ffust i ddyddiau'r Beibl yn y Dwyrain Canol a bu mewn bri yn y Gorllewin hyd ganol yr 20fed ganrif. Yn ddiddorol iawn fe allwn olrhain y gair 'ffust' i'r Gymraeg o'r gair Lladin *fustis* yn golygu pastwn/ffon i roi dyrnod.

Fu erioed offer symlach na'r ffust – dau bastwn wedi'u cysylltu â'i gilydd gydag un ohonynt ddwywaith hyd y llall, a dyna'r dwrn y gafaelai'r ffustiwr ynddo i ffustio. Troedffust oedd enw'r darn hwyaf a ffustwial neu stual oedd enw'r darn byrraf y curid yr ŷd ag o. Yr oedd y ddau bastwn fel ei gilydd o'r coedyn caletaf, coedyn i ddal y fath gystwyo dan law y ffustiwr. Dyma'r dewis gaed i wneud ffust: yr ywen, yr onnen, y gelynnen neu'r ddraenen ddu. Fe gyplysid y ddau bastwn â charrai gref o ledr neu ar un amser â chroen llysywen am ei fod yn ystwythach na lledr. Yr oedd o'r pwys mwyaf y byddai'r cwplws yn hyblyg ac ystwyth ac eto'n gryf iawn. Gan y byddai'r lledr a chroen y llysywen yn siŵr o freuo a thorri mewn amser, fe roed dolen o haearn yn gwplws. Yr oedd y troedffust ddwywaith hyd y ffuswial, yn mesur pum troedfedd.

Yr oedd ffustio yn grefft arbennig iawn a gyfrifid fel y gwaith trymaf o holl oruchwylion y ffarm. Byddai dau ffustiwr yn cyd-ffustio fel arfer; safent yn nhraed eu sanau yn wynebu'i gilydd. Byddent yn diosg eu hesgidiau trymion rhag difrodi'r grawn, ond er mwyn arbed y traed byddai rhai yn gwisgo sliperi. Fe gadwent at batrwm o daro bob yn ail gan lwyddo i wneud y fath galedwaith yn llai unffurf ac undonog a'i rwystro rhag troi yn fwrn arnynt. Yn ddiddorol iawn byddai'r patrwm yma yn newid o ardal i ardal ac o ganlyniad byddai'n chwithig i ffustiwr dieithr gael gafael ym mhatrwm yr ardal honno. Fe osodid y sgubau yn un rhes ar y llawr glân wedi datod y tennyn. Mewn rhai ffermydd fe osodid un rhes o chwech o sgubau tra y byddai dwy res o bump mewn ffermydd eraill. Os y byddai'r ŷd yn aeddfed iawn ac yn ildio'n hwylus, fe osodid cymaint â phedair neu bum rhes o sgubau i'w dyrnu gyda'i gilydd. Wedi hir ffustio a'r grawn wedi ei ddyrnu o'r gwellt, yna byddent yn codi ac ysgwyd y gwellt gyda'r bigfforch er mwyn sicrhau y ceid y grawn i gyd. Fu yr un dull o ddyrnu a fyddai'n dyrnu'n llwyrach na'r ffust.

Yn yr oes gyn-fecanyddol yn nhawelwch perffaith cefn gwlad, rhyfeddai pobl at sŵn tawel y ffustwyr, sŵn a oedd yn fiwsig i'r glust ac yn ymdoddi'n naturiol â synau tawel cefn gwlad. Fe allesid adnabod cytundeb y ffustwyr wrth eu synau. Yr oedd taro araf, marwaidd a dilewyrch yn arwydd o gytundeb fesul dydd, ond os y byddai'r rhyddm yn fywiog ac yn sionc dyna arwydd o waith gosod, hynny yw, po fwyaf a ddyrnent, mwyaf y tâl. Ond beth bynnag a fyddai'r cytundeb, yr oedd ffustio'n waith syrffedus a blin. I dorri ar undonedd y gwaith byddai rhai o'r ffustwyr yn gweithio i ryddm rhyw gân neu'i gilydd fel 'Cytgan y Morwyr', rhyw gân o unrhyw fath i dorri ar y diflastod. Yn arwydd arall o ddiflastod y gwaith, byddent yn rhoi marc ar y drws neu'r wal lle y byddai cysgod yr haul pryd y dechreuent y gwaith er mwyn cael rhyw syniad beth oedd hi o'r gloch. Ond er y cwynion i gyd, dyma'r unig erfyn i ddyrnu'r ydau ac o ganlyniad dyma waith cwbl hanfodol i ffyniant y fferm ac yn wir at fyw pawb. Dyma fel yr aeth Sionyn Deildre at gymydog i ofyn benthyg ffust:

'Yma dois yn fawr fy chwys,
A gwraig y Prys a'm gyrrodd,
I ofyn gawn i fenthyg ffust,
Blawd 'rhen gist brinhaodd.'

Yn oes y ffust byddai'r dyrnu yn dechrau gynted ag y deuai'r gwartheg i mewn dros y gaeaf. Dyrnu fel y byddai'r galw oedd y patrwm – o'r llaw i'r genau, megis. Doedd yna ddim diwrnod dyrnu penodedig a thynnu ardal at 'i gilydd. Yn hytrach yr oedd ffustio yn rhan o ddiwrnod gwaith. Dyrnent fel bo'r galw am wellt a grawn er mwyn i'r gwellt fod yn ffres, a chan fod ffustio yn broses mor araf, doedd fodd dyrnu rhyw lawer ar y tro. O ganlyniad yr oedd dyrnu yn parhau drwy'r gaeaf, yn wir ffustio a dyrnu oedd chwarter gwaith y flwyddyn ar ffermydd o faint. Yr oedd yn waith arbenigol iawn a byddai grwpiau bychan yn contractio ac yn mynd o gwmpas y ffermydd mwyaf gydol y gaeaf yn dyrnu. Gan mor arbenigol oedd y gwaith, fe gai'r ffustiwr well cyflog na'r gwas fferm, cymaint â thri swllt yr wythnos yn fwy. Mae'n naturiol fod ffustio, a oedd yn grefft nodedig, yn gofyn am gryn gryfder a sgiliau arbennig, yn achos cystadleuaeth a gorchest rhwng y ffustwyr a'i gilydd. Bu ambell un gyfryw fel y gadawsant enw ar eu hôl fel ffustiwr. Yr oedd Dic Sion Edward o Roshirwaen yn Llŷn yn dipyn o orchestwr wrth ei waith yn ôl y sôn:

Dic Sion Edward ddysgodd gast
I dorri'r ffust wrth ddyrnu'n ffast.

Mae'n amlwg mai wrth y dydd y ffustiai Dic. Yr oedd Dafydd Cocrwth o ardal Penycaeau ger Aberdaron yntau hefyd yn ôl y sôn yn ffustiwr o fri. Fe ddyrnai Dafydd das o bedair gwanaf ar hugain o haidd, ei nithio a'i golio am ddeuswllt, a hobaid o haidd mewn pythefnos.

Fu'r ffustiwr hwnnw o Fôn ddim mor ffodus, fe'i galwyd i'r Hen Blas yn Llanfechell gan Lowri Jones i ddyrnu tas fechan o wenith. Gwnaeth Lowri Jones gytundeb â'r ffustiwr y cai ef a'r criw dyrnu fara gwyn i swper, cryn ddantaith, os y dyrnent y das cyn nos. Ymroes y ffustwyr ati'n ddyfal a diwyd, ond er yr ymlafnio a'r curo, y nos a enillodd a methiant fu'r ymdrech i orffen dyrnu'r das a bu raid dychwelyd drannoeth i orffen. Cadwodd Lowri Jones at y cytundeb a bu raid i'r ffustwyr blinderog fodloni ar fara haidd arferol i swper. Er mor llwm y bwrdd, gofynnwyd i'r ffustiwr ofyn bendith ar y swper cyffredin hwnnw –

'Mi feddyliais yn y bore
buaswn amser maith cyn hyn
wedi dyrnu'r gyrnan wenith
ac yn bwyta bara gwyn,
ond lle hynny
bara haidd sydd o'm blaen yn awr
Mesur saithfed os gwelwch yn dda.'[2]

Bu i ffustiwr arall o Fôn wneud enw iddo'i hun mewn ffordd anghyffredin iawn â'i ffust; fe ddefnyddiodd Morrus Llwyd ei ffust i gystwyo ac i ladd milwyr Cromwell a ddaeth i Fôn i ymlid cefnogwyr y Brenin. Yr oedd Cymru yn gryf o blaid y Brenin, felly hefyd Sir Fôn. Mae'n ymddangos fod Morrus Llwyd yn gefnogwr brwd ac yn bleidiwr gwresog i Siarl y Cyntaf ac yn barod i fynd i unrhyw eithaf yn erbyn Cromwell, arweinydd byddin y Seneddwyr. Mae tystiolaeth leol yn dangos mai tyddynnwr o'r Plas Bach ym mhlwyf Cerrigceinwen oedd Morrus Llwyd ac nid ffermwr cefnog Lledwigan ger Llangefni fel yr edrydd un fersiwn o'r stori. Fe gladdwyd Morrus ym Mynwent Eglwys Cerrigceinwen ac fe gyfeirir yn ei ewyllys ato fel tyddynnwr yn y Plas Bach.

Ond fe erys ei orchest arwrol yr un. Yn ôl traddodiad, yn nherfysg y Rhyfel Cartref daeth byddin o ddeg ar hugain o filwyr Seneddol Cromwell i chwilio am Morrus. Yr oedd y tyddynnwr brenhingar wrthi'n dyrnu yn y sgubor pan ddaeth y fyddin, a llwyddodd i gau drysau'r sgubor cyn iddynt gyrraedd. Agorodd Morrus un o ddrysau bach y sgubor a chaniatáu i un o'r milwyr ddod i mewn ar y tro, yna fel y dôi'r milwr i fewn, disgynnai y ffustwial gyda holl nerth y

*Evan Evans, Nant Melai, Llansannan yn ffustio
yng Nglynllifon, 1992*

ffustiwr ar ei wegil – ergyd farwol! Yn ôl y stori fe laddodd Morrus Llwyd wyth i ddeg o filwyr y gelyn ac yn ôl y sôn mi fyddai wedi lladd llawer mwy pe bai cwplws ei ffust heb dorri. Daeth gweddill y milwyr i mewn gan ddelio'n gwbl ddi-dostur â'r ffustiwr. Fel arwydd o werthfawrogiad o'r fath wrhydri fe roed lle anrhydeddus i Morrus Llwyd ar fur Eglwys Llangeinwen. Bu'r fath orchest yn destun rhigwm i ryw fardd lleol:[3]

> Hei Morrus annwyl, dyrna
> Tra dalia'r onnen ffust
> Mae trwst dy ddewr ergydion
> Yn fiwsig pêr i'm clust.

Ni fwriadwyd y ffust yn erfyn rhyfelgar a chreulon, ond yn erfyn cwbl hanfodol ym mhroses y cynhaeaf yn llaw ffustiwr medrus. Y gamp fyddai taro'r ysgub wrth fôn y brig a gwneud hynny mewn amseriad cywir – heb daro eich hunan ar eich cefn neu eich pen. Byddai raid ymdrechu i ddysgu trafod y ffust ac fe geid ambell i athro da i ddysgu'r grefft i'r prentis. I ddysgu taro yn gywir rhoddid gwelltyn yng ngheg y disgybl a hwnnw yn ymestyn allan chwe modfedd, a'r gamp oedd cyffwrdd blaen y gwelltyn wrth daro. Mi allwn yn hawdd ddychmygu'r hwyl a gaed mewn gwersi ffustio a oedd yn llawer mwy buddiol i fachgen yng nghefn gwlad ers talwm na dysgu darllen, wedi'r cwbl yr oedd modd gwneud bywoliaeth dda fel ffustiwr.

Er dyfod y dyrnwr bach a'r dyrnwr mawr, mynnai towyr gael gwellt y ffust i doi'r teisi neu unrhyw do arall am y byddai'r gwellt o fol y dyrnwr mawr wedi'i ddifetha trwy ei blygu a'i wanio. Ond heb os, cyfrinach y ffust oedd y 'llawr dyrnu'; ni ellir sôn am y ffust heb sôn am y llawr dyrnu – mae'r ddau yn anwahanadwy; fu erioed bartneriaeth mwy clòs. Y llawr dyrnu oedd y llecyn pwysicaf ymhob sgubor; llecyn a gai ei warchod gyda gofal rhyfeddol. Bron na ellid dweud ei fod yn llecyn cysegredig ac y byddai'n rhaid i'r ffustwyr yn llythrennol 'ddiosg eu hesgidiau oddi ar eu traed'. Fel pob teclyn ac erfyn arall ynglŷn â'r cynhaeaf, aiff y llawr dyrnu â ni yn ôl i'r Dwyrain Canol at wawr gwareiddiad. Yn y dyddiau cynnar hynny yr oedd y llawr dyrnu yn fan cyhoeddus i'r holl bentref, a dygai'r pentrefwyr eu cynhaeaf yno yn eu tro i'w ddyrnu a phawb yn helpu'i gilydd, mae'n debyg. Yr oedd gan ambell ffermwr cefnog ei lawr dyrnu preifat ei hun. Fe leolid y llawr dyrnu cyhoeddus ar fryncyn, er mwyn manteisio ar bob awel – daeth y llecyn yn fan cyfarfod y pentrefwyr ac fe dyfodd elfen gymdeithasol o'i gwmpas. Yn ôl Llyfr Ruth, yr oedd y llawr dyrnu yn fan cyfarfod cariadon! Yn y llawr dyrnu y cyfarfu Ruth â Boas ac yno y bu i'r ddau gyd-gysgu: Ruth 3:7 – 'Daeth Ruth yn ddistaw a chodi'r dillad o gwmpas ei draed, a gorwedd i lawr'. Yr oedd Boas yno gydol nos yn gwarchod yr ŷd rhag lladron. Ar wahân i'r llawr dyrnu sefydlog, yr oedd llawr dyrnu symudol hefyd a symudid i gyrraedd yr ŷd ar y meysydd lle y byddent hefyd yn nithio ac yn gogrwn yr ydau. Yr oedd y lloriau cynnar yn blatfform crwn o ddaear galed gyda wal isel o'i gylch. Gan y byddai tymor y cynhaeaf yn gwbl ddi-wlaw yn y Dwyrain, carient eu hydau wrth y llawr dyrnu i orffen aeddfedu, ond byddai raid cadw gwyliadwriaeth gyson rhag lladron. Cawn awgrym yn Llyfr Cyntaf Samuel am y Bedwyniaid crwydrol yn lladrata'r cropiau ŷd: 1 Samuel 23:1 – 'Yr oedd y Philistiaid . . . yn ysbeilio'r ydlannau'.

Dros y blynyddoedd bu cryn newid yng ngwneuthuriad y llawr

dyrnu gydag ymdrech i'w berffeithio. Yr oedd y lloriau cynharaf o glai wedi ei galedu'n dda. I ddechrau byddent yn codi'r ddaear ddyfnder pen rhaw, yna ei lenwi â chlai glân wedi ei gymysgu â thail gwartheg gyda dŵr nes y deuai'n forter caled, yna taenu'r gymysgfa'n esmwyth fel gwydr gyda thrywel denau. Byddai'r dull yma yn dueddol i gracio a golygai hynny ail guro neu gau'r craciau. Gydag amser, fel yr awgryma R. W. Dickson, cododd gwrthwynebiad i'r llawr dyrnu clai ac o ganlyniad fe gafwyd llawr dyrnu o goed. Ffurfiwyd bwrdd o blanciau trwchus a ddaeth yn boblogaidd fel llawr dyrnu. Bu cryn ddadlau ymhlith y seiri coed ynglŷn â pha goeden fyddai fwyaf addas. Yr oedd y coedyn caletaf, derw gan amlaf, yn galetach ac yn fwy parhaol. Credai eraill y byddai pren meddalach yn ystwythach na'r derw caled a byddai hynny'n fantais, gyda'r llawr yn rhoi dipyn dan bwysau'r ffust. Ond, byddai raid i'r llawr fod yn reit gryf a soled i ddal y fath guro. Mi fyddai rhai, yn enwedig y Saeson, yn ffafrio coed caled o raen clos fel y ffawydden galed, y sycamorwydden neu'r onnen, ond y dderwen fyddai'r dewis mwyaf cyffredin. Mewn sgubor yng Ngheredigion, meddai John D. Davies, Aberystwyth, ar lawr wedi ei orchuddio â phlanciau o goed llwyfen neu ddefnydd llyfn caled arall y byddid yn dyrnu. Yr oedd modd i ysgubo lloriau o'r math yn lân, gan fod glanweithdra yn holl bwysig ar y llawr dyrnu.[4] Ond ar y cyfan ychydig iawn o newid a fu ar y llawr dyrnu gydol ei oes faith; ychydig o amrywio a fu yn ei wneuthuriad na'i faint. Y mesurau cyffredin fyddai naw i ddeuddeg troedfedd o hyd, wrth chwech i wyth troedfedd o led. Fe geid llawr dyrnu o garreg a rhai o lechen las mewn rhai lleoedd ond byddai'r ffust yn dueddol i fownsio oddi ar y fath galedwch.

Nithio

Yna wedi'r ffustio (dyrnu), byddai raid nithio er mwyn glanhau'r grawn oddi wrth y plisg, y manus a'r baw. Yr hen ddulliau cyntefig a ddefnyddid i nithio hyd nes y daeth peiriant o fath i wneud y gwaith. Aiff y dulliau cynharaf yn ôl eto i'r Dwyrain Canol ac i ddyddiau'r Beibl. Ar ôl dyrnu gadawent yr ŷd wedi ei grynhoi yn bentwr i'w nithio. Disgwylient i gael y tywydd mor ffafriol ag oedd modd, dim gormod o wynt, ac eto yr oedd raid cael awel gref, yna gyda siefl neu fforch bren ac iddi saith o bigau, taflent yr ŷd i afael y gwynt. Fe chwythid y gwellt a'r cibau tra disgynnai'r

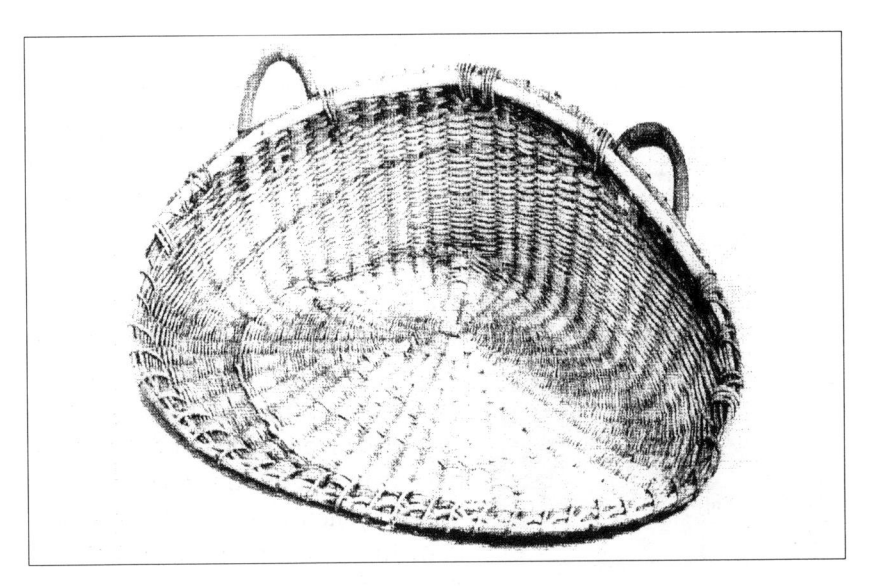

Basged wiail a ddefnyddid fel gwyntyll i nithio

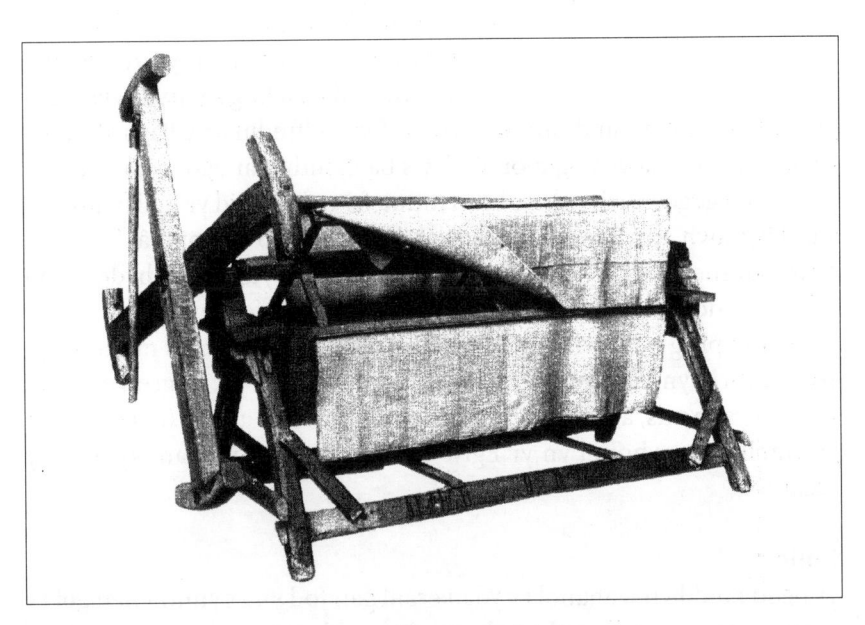

Peiriant nithio i'w droi â llaw

Nithio yn y Dwyrain Canol:
'A'r gwynt a chwyth yr us ymaith.'

grawn yn syth i'r llawr glân. Fe barheid â'r broses yna nes cael y grawn yn gwbl lân. Gyda symiau bychan o ŷd byddent yn ei gadw mewn piseri, neu lestri pridd o gryn faint, neu byddai rhai yn torri tyllau yn y ddaear ac yna leinio twll efo cobls neu deilchion. Un cyfeiriad Beiblaidd a geir am nithio yn llythrennol, sef Llyfr Ruth, 3:2: 'Edrych y mae efe yn myned i nithio haidd i'r llawr dyrnu'. Y mae Eseia yn rhoi disgrifiad digon manwl o'r dull o nithio tua'r cyfnod 750 C.C.: Eseia 30:24: 'Caiff yr ychen a'r asynnod eu bwydo â phorthiant blasus wedi ei nithio â fforch a rhaw'. Yr un egwyddor fu'r dull o nithio hyd at ein dyddiau ni boed â llaw neu â pheiriant. Fe allesid nithio â llaw naill ai y tu allan, yn defnyddio gwynt gyda sach, gwyntyll wiail neu gynfas yn cynhyrchu drafftiau, neu yn fwy cyffredin ar y llawr dyrnu a gadael drysau mawr y sgubor a'r drws bach nithio ar agor, yna fe deflid yr ŷd gyda gogor wrth y drws bach nithio fel y chwythid yr holl fanus gan adael y grawn ar y llawr glân. Fe allai tri dyn nithio cymaint â 75 bwsiel o wenith mewn diwrnod yn y dull yma. Ar dywydd tawel byddai dau ddyn neu ddwy ferch yn clepian cynfas i greu tynfa gwynt a wahanai'r manus a'r plisg oddi wrth yr ŷd. Fe ddefnyddid y dull yma i nithio yn yr 16eg ganrif yn ôl Huw Lewys: 'Pan ddyrnir yr ŷd, y gronyn sydd ynghymysc a'r us, a gwedi hynny y naillduir hwy â'r gwagr (gogor) ne â'r gwyntell: felly y bobol yn yr Eglwys . . . pan nithir ne pan wyntellir y ddau'.[5]

Colio

Yr oedd haidd yn wahanol i'r ydau eraill gan fod yna gynffon neu gol i'r dywysen yn y brig. O ganlyniad yr oedd haidd yn llawer mwy trafferthus i'w nithio. Fe ddyfeisiwyd erfyn llaw syml i 'foelio' neu 'golio'r' haidd, i dorri'r col neu gynffon bigog. Fe gurid yr erfyn hwn, y coliwr, yn ysgafn drwy y grawn fel y torrid y col oddi wrth yr had; fu erioed erfyn llaw symlach na mwy effeithiol.

Hyd yma, nerth bôn braich fu pob agwedd ar ddyrnu'r ŷd a'i nithio – proses araf ryfeddol. Fel y cynyddai'r boblogaeth, daeth mwy o alw am fwyd, a doedd unman i droi ond at y ffermwr. Fu erioed greadur mwy dyfeisgar na dyn mewn cyfyngder ac yn wyneb bygythion newyn canol y 19eg ganrif, llwyddodd dyn trwy ei ddyfeisgarwch i gyflymu'r broses o ddyrnu. Mi ddwedodd Harry Fosdick – *'Man is what he proves to be in an emergency'.*

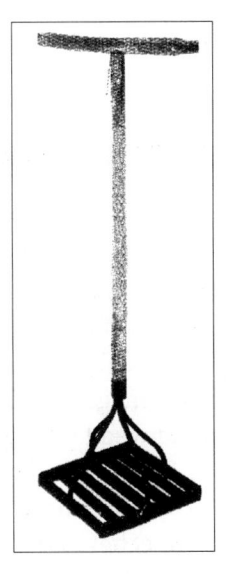

Coliar – i dorri'r col oddi ar yr haidd

---

[1] Eurwyn Wiliam: *The Historical Farm Buildings of Wales* (1986), tud. 157
[2] *Notes on the Neuadd Family*: by Captain O. T. Evans (1950), Archifdy Llangefni
[3] *Archaeologia Cambrensis* (1903), tud. 280/1
[4] *Fferm a Thyddyn*, Rhif 31, (2003)
[5] Huw Lewys: *Perl mewn adfyd* (1595)

Pennod 3

Mecaneiddio'r Dyrnu

Bu sawl ymdrech yn y 18fed ganrif i fecaneiddio'r dyrnwr, ond yn ofer gan i'r dyfeiswyr cynnar geisio dynwared y ffust a'i mecaneiddio. Fu erioed erfyn mwy anfecanyddol na'r ffust, dim ond dau bastwn a nerth bôn braich. Ond roedd hi'n anodd iawn meddwl am unrhyw ffordd arall i ddyrnu gan mai'r ffust fu yr unig erfyn dyrnu er y Canol Oesoedd hyd at ddiwedd y 19eg ganrif.

Bu'r ymdrech i gael peiriant i nithio'r ydau yn fwy llwyddiannus, er yn ddigon amrwd ar y cychwyn. Fe wnaed gwyntyll o gynfas a'i chlymu wrth echel a oedd yn fflapio a chreu tynfa o wynt wrth droi â handlen. Bu'r peiriant yn boblogaidd iawn yng Ngogledd ddwyrain Lloegr a daeth i Gymru a phrofi'n fuddiol a phoblogaidd yn enwedig mewn ffermydd bychan mynyddig hyd yr 20fed ganrif. Gydag amser, fe ddatblygwyd y nithiwr i gynnwys 'hopren' i'w lenwi â'r ydau i'w nithio gyda'r gwynt a greai'r wyntyll yn gwasgaru'r peiswyn a'r baw tra byddai'r grawn yn disgyn i'r sachau. Yn ddiweddarach fe gysylltwyd pŵer o'r olwyn ddŵr i'r nithiwr, a byddai eraill yn cysylltu *gearing* ceffyl, a bu hyn yn fodd i gyflymu'r gwaith o nithio. Datblygwyd y peiriant nithio ymhellach trwy osod gogor arno i ogrwn yr ŷd. Erbyn dechrau'r 19eg ganrif, fe allesid nithio a glanhau cymaint â 96 bwsiel mewn awr, ond er mai peiriant digon syml ac arwrol oedd y nithiwr, fe ddaeth dan lach ambell i bregethwr Methodist cul oedd yn gwarafun datblygiadau technolegol ei oes ac a gredai fod y fath beiriant yn arwydd o ddiffyg ffydd y ffermwyr yn Nuw a fyddai'n siŵr o ymorol am ddigonedd o wynt i lanhau'r ydau o bob budreddi! Cwynid am: '. . . ddrygioni'r ffermwr yn dyfeisio peiriant yn hytrach nag aros i'r Arglwydd yrru gwynt ato.'[1]

Y dyrnwr bach
Ond doedd y peiriant nithio ddim yn ateb y gofyn am gynhyrchu mwy o fwyd a ddaeth gyda Rhyfel Napoleon. Yn wyneb y galw yma yr oedd y dulliau traddodiadol o brosesu cynhaeaf ŷd yn hynod o aneffeithiol ac

araf. Yr oedd angen rhywbeth llawer mwy effeithiol na'r ffust a'r wyntyll. Bu *angen* yn fam sawl dyfais a bu hynny'n wir iawn yn yr argyfwng amaethyddol ar ddiwedd y 18fed ganrif. Sgotyn o'r enw Andrew Meikle, saer-melinau wrth ei waith, ddyfeisiodd y peiriant dyrnu cyntaf yn 1786. Roedd hwn yn ddyfais syml ond ar drywydd cwbl wahanol i'r ffust. Golygai'r ddyfais wthio'r ysgubau gyda'r brig yn flaenaf trwy bâr o roleri i ddrwm a oedd yn chwyldroi ar gyflymder o 1,200 cylchdro mewn munud. Yr oedd y drwm wedi ei orchuddio â phegiau byr ac yn troi ar y fath gyflymder mewn cafn o ddur 3/8 o fodfedd o'i waelod a modfedd a hanner o'i dop. Rhoddai hyn le cyfyng i'r ysgub frigog gael ei churo a'i rhwbio yn erbyn y cafn i stripio'r grawn a'r manus oddi ar y gwellt. Dyma'r dechneg a gorfforwyd ymhob peiriant dyrnu fyth wedyn – gan gychwyn yn y dyrnwr bach bocs sefydlog yn y sgubor fyddai'n cael ei droi â llaw. Dyma'r datblygiad cyntaf ar ôl y ffust yn y broses o ddyrnu'r ydau fel y canodd rhyw fardd gwlad:

Peiriant dyrnu a droid â llaw.
Gwneuthuriad Ransomes, Ipswich (1843)

Rhwysg beiriant yr ysguboriau – dyfais
 Gwell na defod ffustiau:
A gras hon ar gorsennau
Blisga o hyd heb lesghau.

Gydag amser fe gysylltwyd pŵer yr olwyn ddŵr neu *gearing* ceffyl i'r dyrnwr bach gan ysgafnhau cryn dipyn ar ddiwrnod dyrnu. Fe osodid y dyrnwr bach yn sefydlog ar lawr y sgubor a chario'r ysgubau iddo. Gyda rhyfeloedd Napoleon a'r galw am fwy o fwyd, daeth y dyrnwr newydd i gryn fri er nad oedd gan bawb fodd i'w brynu am gan punt a oedd yn arian mawr iawn ar ddechrau'r 19eg ganrif. Ond fe ddatblygwyd dyrnwr bach rhatach a hwnnw'n symudol gan fod olwynion iddo a llorpiau i'w symud o le i le. Yr oedd y dyrnwr yma'n fwy addas i'r ffarmwr bach ac yn ffitio'i boced a'i gadlas yn llawer gwell na'r dyrnwr sefydlog. Byddai contractwyr yn llogi'r dyrnwr yma a'r ffermwyr yn ymorol am lafurwyr a phŵer i'w droi. Fu dim datblygu pellach ar ddyfais Andrew Meikle; ei ddyfais a'i dechneg ef fu'r gair terfynol mewn peiriant i ddyrnu.

Pŵer ceffyl i yrru dyrnwr bach sefydlog yn y sgubor, 1853

Daeth yr olwyn ddŵr yn boblogaidd iawn yn Llŷn i droi'r dyrnwr a cheid afon neu lyn o fewn cyrraedd unrhyw fferm neu dyddyn o'r bron. Bu'r olwyn ddŵr yn gymwynas fuddiol ac yn gweithio'n rhad ryfeddol. Bu Llŷn yn nodedig am ei pheirianwyr gweithio dŵr a chaed ganddynt beirianwaith gywrain i ateb gwahanol ofynion i drosi'r dyrnwr mewn gwahanol safleoedd ac i gorddi neu tsiaffio. Cyfrifid teuluoedd Penybont a Bugeilys Bach ymhlith y peirianwyr craffaf yn Llŷn ac erys ôl eu dyfeisgarwch yn ambell i hen sgubor neu gwt malu o hyd.

Yr oedd Sir Fôn yn dlotach mewn dŵr ac yn arbennig mewn rhediad dŵr. Mae'n debyg mai'r felin wynt a fyddai'n cyfateb i'r olwyn ddŵr yno. Manteisiodd y Monwysion ar y gwynt i ysgwyddo'r trymwaith, a bu'r gwynt fel y dŵr yn was rhad iddynt. Bu Môn hefyd yn nodedig am ei seiri melinau. O'i chymharu â'r olwyn ddŵr yr oedd y felin wynt yn gweithio'n ddistaw ryfeddol tra roedd yr olwyn ddŵr yn swnllyd iawn. Pan godid 'fflodiad' y llyn malu i ddechrau dyrnu, byddai'r sŵn yn fyddarol, rhwng sŵn y dŵr, y rhod, yr echel a'r dyrnwr, fel pe bai'r dyrnwr am dorri'n rhydd o'r sgubor.

Ond y pŵer mwyaf cyffredin i weithio'r dyrnwr oedd pŵer ceffyl neu *gearing* ceffyl – a'r enw yn Llŷn heddiw fyddai 'gwaith malu'. Yr oedd hon eto yn ddyfais gywrain a hynod o ddibynadwy – cerddai'r ceffyl (neu geffylau) mewn cylch ac roeddent wedi eu tinbrennu i bolyn a oedd yn troi echel a godai o ganol olwyn gocos fawr yn mesur dau fetr o gylch. Âi'r echel yrru o'r olwyn gocos dan lwybr y ceffylau ac yna trwy dwll yn wal y sgubor. Bu sawl dyfais gywrain i gyplysu'r pŵer i wahanol beiriannau a'i redeg ar feltiau. Y mae pŵer mecanyddol yn mynd yn ôl i'r 16eg ganrif fel y darllenwn ym Mwletin y Bwrdd Gwybodau Celtaidd (viii.298. 1543) – 'yr olwyn goks yn ry dyn wrth y gwerydydd'.

Daliwyd i ddefnyddio'r dyrnwr bach llaw yn y tyddynnod anghysbell hyd ddechrau'r 20fed ganrif.

Y foelar stêm

Y foelar stêm ddaeth wedyn i yrru'r dyrnwr bach. Datblygodd hon o'r foelar sefydlog osodwyd yn adeiladau ffermydd mawr o ddechrau'r 19eg ganrif, yn foelar symudol erbyn diwedd yr 1830au. Roedd olwyn ymhob cornel i'r foelar symudol ac er mai hen gnawes drom ac anghelfydd

Boelar stêm Barret & Co. i droi dyrnwr bach, 1853

oedd hi gellid ei symud â cheffylau o fferm i fferm i ganlyn y dyrnwr. Yr oedd y peiriant stêm yn llawer mwy pwerus na'r dulliau eraill er mai peiriant syml iawn ydoedd – yr oedd bocs tân o dan y foelar gyda'r ager yn cael ei yrru i silindr â'r piston yn gyrru cranc i droi'r pwli fyddai, yn ei dro, yn troi'r strap neu wregys i droi'r dyrnwr.

Fe ddaeth y foelar â chryn dipyn o ramant i'r diwrnod dyrnu gan y câi'r plant bob croeso i gario dŵr i'w cheubal sychedig. Câi'r plant wahoddiad o gylch y bwrdd cinio am eu llafur wedi i'r dynion gael eu gwala a'u digon. Cadwodd y foelar stêm ei lle yn hir wedi i'r tracsion gyrraedd yn y 1860au gan ei bod yn llawer rhatach i'w rhedeg nag unrhyw beiriant diweddarach. Yr oedd yr injian stêm yn dal yn reit boblogaidd hyd 1926, pa un bynnag ai ceffylau a'i symudai neu ei bod yn hunan-yredig. Yna yn y flwyddyn honno, blwyddyn Streic y Glowyr, pan aeth glo yn brin ac o ansawdd waelach, newidiodd llawer i'r tractor Titan fedrai dynnu yn ogystal â throi'r dyrnwr.

Cawn nodyn diddorol iawn yn '*Yr Herald Gymraeg*' Medi 30, 1870 am wneuthurwyr injian stêm yn Sir Fôn. 'Rhyfeddai'r awdur pan ddenwyd ei sylw at y peiriant tân gorphenol destlys mor fychan (gall dau geffyl gyda'r rhwyddineb mwyaf ei lusgo i unrhyw fan yn eitha diboen) yn gallu troi dyrnwr a chymaint o *elevators* yn gysylltiedig ag ef. Yr oeddem yn teimlo yn falch pan y deallasom mai Cymro o Talwrn,

Peiriant dyrnu bychan symudol a droid â stêm.
Gwneuthuriad Hornsby (1851)

Sir Fôn ydyw awdur y peiriant tlws crybwylledig – neb amgen na Mr M. J. Williams, Penceint – mab i'r diweddar Hybarch Williams, Benyceint. Deallasom hefyd mai y Cadben Rowlands Plas Penmynydd a Meistri W. a H. Williams, gofaint Talwrn, ydynt berchnogion y peiriannau hyn. Y mae'r Cadben Rowlands yn un o'r boneddigion mwyaf anturiaethus yng Ngogledd Cymru.'

Pan ddaeth y tracsion, yr oedd hwnnw yn hunanyrrol i symud y dyrnwr ac i'w droi. Gyda dyfodiad y peiriant yma fe ddiflannodd llawer o ramant ac o orchest y ceffylwyr ar y diwrnod dyrnu. Camp y certmon a'i weddoedd fyddai symud y dyrnwr a byddai ambell i fan anghysbell yn brawf creulon arno; pa sawl un a gollodd ei gymeriad yn grybibion ar ôl methu â chyrraedd pen ei siwrnai! Daeth y tracsion â chryn newid i'r diwrnod dyrnu; bellach deuai'r dyrnwr at y das ŷd neu at y gowlas yn hytrach na chario'r ŷd i'r sgubor. Fe ddarparwyd cadlesi neu erddi yr ŷd i gyfarfod â gofynion y peiriant newydd ac fe anwyd crefftau newydd – tasu a thoi tas o ŷd, un o'r crefftau mwyaf cain o holl grefftau'r fferm.

Erbyn 1880 cafwyd chwyldro eto gyda dyfodiad yr injian oel a oedd yn weddol rad i'w phrynu a llwyddodd peirianwyr medrus i gael hon i weithio sawl peiriant newydd ddaeth ar y farchnad ar ddechrau'r 20fed ganrif – peiriant tsiaffio gwellt a gwair ac yn ddiweddarach y mathrwr ŷd. Daeth yr injian oel yn beiriant hynod o boblogaidd yn ffermydd bach a mwy Llŷn a Sir Fôn erbyn yr 20fed ganrif ac roedd yn rhaid ei chael, costied a gostio. Cafodd gartra arbennig i'w chadw – cwt malu gan amlaf rhyw saf-ati, digon di-raen ydoedd ar bwys y sgubor gan ei bod yn rhwydd i'w chysylltu i waith yr olwyn ddŵr.

Y dyrnwr mawr
Mae'n debyg mai yn yr Arddangosfa Fawr, y *Great Exhibition* yn y Palas Grisial yn Llundain yn 1851 y gwelwyd y dyrnwr mawr cyntaf yng ngwledydd Prydain. Ar gyfer dyrnu ar raddfa fawr ar diroedd ŷd helaeth yr Unol Daleithiau y cafodd ei ddatblygu, lle'r oedd graddfa amaethu mor enfawr fel y bu'n ysgogiad cryf iawn i fecanyddio dulliau ffermio ynghynt nad odid unrhyw wlad arall.

O weld y dyrnwr mawr Americanaidd newydd, aeth nifer o gwmnïau yn nwyrain Lloegr a'r Alban yn bennaf i'w gopïo, heb orfod poeni cymaint yn y dyddiau hynny am gyfreithiau gwarchod hawlfraint rhyngwladol. I'r ffermydd mwyaf roedd y dyrnwr mawr yn llawer mwy effeithiol na'r dyrnwr bach neu ddyrnwr sgubor am ei fod yn gallu gweithio ar raddfa fwy ac yn gyflymach. Pan ddaeth y dyrnwr mawr cyntaf i Lŷn, i Felin Newydd, Nanhoron yn yr 1870au, buan yr enillodd ei blwy ar draul y dyrnwr bocs bychan symudol oedd gan Owain Conion. Dim ond dyrnu'r grawn o'r brig wnâi'r dyrnwr bach hwn tra gwelwn, o'r pennill isod, fod y dyrnwr mawr yn cyflawni sawl swyddogaeth:

Mae'r dyrnwr mawr yn dyrnu,
Yn nithio a thorri'r col
Dydy dyrnwr Owain Conion
Wrth hwnnw'n ddim ond lol.

Ond er y chwyldro a grewyd gan ddyfodiad y dyrnwr mawr, canrif gwta fu ei oes yng Nghymru o 60au'r 19eg ganrif hyd 60au'r 20fed ganrif. Eithriadau prin oedd ei weld ar waith ar ôl tua 1970. Un o'r eithriadau hynny oedd dyrnwr Bugeilys Bach yn ardal Rhoshirwaun yn Llŷn. Eiddo John Congl Cae fu'r dyrnwr hwnnw a phan oedd dyddiau'r dyrnwr

MARSHALL, SONS & CO., LTD., GAINSBOROUGH, England.

Sectional View of a "Marshall" Finishing Thrashing Machine.
Class A.

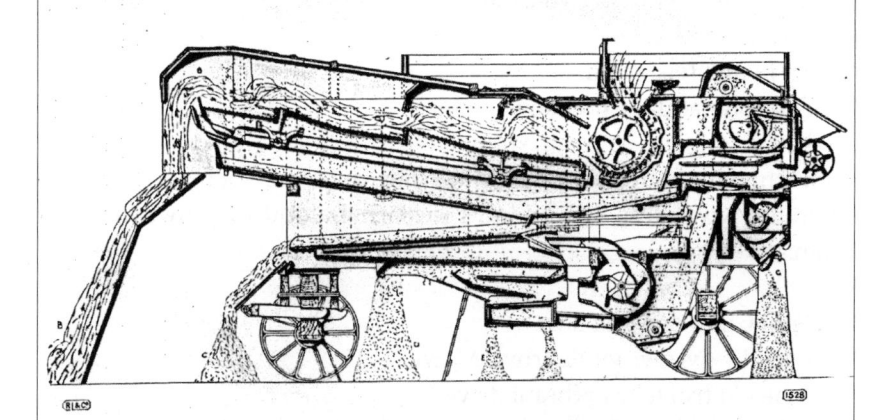

Index to reference letters shown in the above illustration.

A.	Unthrashed Corn	a.	Drum	h.	Corn Spout
B.	Straw	b.	Shakers	j.	Elevator Tins
C.	Cavings	c.	Top Shoe	k.	Main Blower
D.	Chaff	d.	Caving Riddle	l.	Smutter or Barley Awner
E.	Cobs	e.	Chaff Riddle	m.	Finishing Riddles
F.	Corn	f.	Caping Riddle	n.	Separating Screen
G.	Finished Grain	g.	Seed Screen	o.	Back-End Blower
H.	Dust				

Over 154,000 Engines, Thrashing Machines, etc., made and supplied.

36

Llun o gyfansoddiad dyrnwr mawr o gatalog Marshall, Sons & Co. Ltd. 1913

43

mawr yn dod i ben a sŵn y dyrnwr medi newydd ar y dolydd yn 1969, dyma Llion Bugeilys Bach yn ei brynu er mwyn ymestyn yr hen ffordd o ddyrnu. Mi lwyddodd Llion i ymestyn oes y dyrnwr mawr am ddeng mlynedd, ond doedd fodd nofio yn erbyn y llif yn hir! Dyna'r dyrnwr olaf yn Llŷn i weithio cylchdaith ddyrnu. Yn ddiddorol iawn, dyn o'r enw Atkinson ddaeth â'r dyrnwr mawr cyntaf i Sir Fôn yn 1857 – peiriant o waith yr enwog Hornsby tra mai Crichton oedd gwneuthurwr dyrnwr olaf Môn.

Ond yn ei ddydd yr oedd y dyrnwr mawr yn dipyn o ryfeddod, ac fel pob rhyfeddod bu'n destun cân i ryw fardd cocos o ardal Nefyn:

Mae'r dyrnwr mawr yn dyrnu,
Yn rhuo fatha llew,
Yn llyncu teisi cyfan . . .
Peth od na fuasa' fo'n dew.

Ceir rhigwm tebyg o ardal Machroes ger Abersoch yn gwahodd trigolion Mynydd Cilan i ddod i weld rhyfeddod y dyrnwr a'r foelar stêm:

Pobl Cilan dewch i lawr
I weld y dyrnwr yn Penrhyn Mawr,
Mae o'n troi fel y cythraul drwg
A llond ei din o dân a mŵg.

Hwn, y dyrnwr mawr oedd y peiriant amaethyddol mwyaf ei faint yng nghefn gwlad nes y daeth y combein neu'r dyrnwr medi – peiriant sy'n lladd ŷd, ei ddyrnu a'i nithio yr un pryd. Ond er y sylw a'r ffys a fu ynglŷn â'r dyrnwr mawr, cofiwn mai calon y dyrnwr bach a oedd yn curo dan ei fron yntau, dyfais enwog Andrew Meikle gyda'r drwm pigog yn chwipio troi gan guro'r ŷd yn erbyn y ceugrwn a oedd yn troi ynddo. Mae'n naturiol y cafwyd ychwanegiadau yn y dyrnwr mawr o'i gymharu â'r dyrnwr bach. Fe gâi'r gwellt, wedi ei ddyrnu gan y drwm, ei hyrddio gan y sgytwyr ymlaen i ben blaen y dyrnwr ac allan i'r bwrdd gwellt. Gyrrid y grawn ar gyfrif ei bwysau yn is i lawr yng nghorff y peiriant trwy fath o dwnnel rhidyllog at y wyntyll gyntaf i'w ddosbarthu'n tsiaff, peiswyn, manus, a hadau chwyn a'r baw. Fe godid y grawn mewn llwyau ar felt at yr ail wyntyll a thrwy y sgrîn dro gan ei wahanu i bedwar pig ar din y dyrnwr, dau big i'r puryd, un i'r manyd ac un i'r gwagyd. Fel yr ysgrifennodd Theophilus Evans yn *Drych y Prifoesoedd*: 'Anhyfryd yw trin efrach, wedi'r hyfryd bur-ŷd bach.' Aeth y tsiaff a'r manus trwy wahanol oddegau a'i ollwng i'r llawr o dan y dyrnwr. Gan fod yr haidd yn wahanol i'r ydau eraill ar gyfrif ei gynffon neu'r col, fe yrrid yr haidd ar sgrîn ŷd at y colier a'r curwr i dorri'r gynffon. Erbyn yr 1850au roedd y dyrnwr wedi dod yn beiriant a elwid yn 'gorffennwr grawn' – corfforwyd yr holl broses ddyrnu ŷd mewn un peiriant mawr.

Gwrthwynebwyr

Er fod y dyrnwr mawr yn beiriant mor wyrthiol a ddaeth i arbed y fath lafur ac i fyrhau y cyfnod dyrnu, byddai'r ffustwyr wrthi'n gyson am ran helaetha'r gaeaf yn dyrnu â'r ffust – gwaith llafurus a gyfrifid yn waith trymaf y fferm. Ond er ei hwylustod i gyd, doedd y dyrnwr mawr ddim yn dderbyniol gan bob ffermwr, ac i'r ffustwyr yr oedd yn elyn anghymodlon. Fe gollodd y ffustwyr eu gwaith gaeaf, y cyfnod y byddai'n anodd cael gwaith arall ar y ffermydd. Dilynwyd Rhyfeloedd Napoleon â chryn ddirwasgiad, daeth llafur yn rhad a olygai fod cael dyn i ddyrnu â'r ffust yn llawer iawn rhatach na'i ddyrnu â'r dyrnwr mawr ac yn siŵr dyrnai'r ffust yn llawer glanach na'r peiriant newydd.

Yr oedd y ffaith fod dyrnu â'r ffust yn rhatach na'r dyrnwr mawr a'r ffaith y ceid trafferthion torri dannedd efo'r peiriant yn ddigon o reswm i'r ffarmwr ceidwadol lynu wrth y ffust. Byddai'r dyrnwr mawr hefyd yn difetha'r gwellt trwy ei guro mor galed fel iddo golli ei gyffni ac o ganlyniad doedd o'n fawr o beth i doi tas ag ef. Cwynai'r towyr nad oedd modd toi'r teisi gyda gwellt mor llipa. Roedd peth gwir yn eu cwynion ynglŷn â'r gwellt ond heb os y gwir reswm am wrthwynebu'r dyrnwr mawr gan y ffermwyr oedd eu ceidwadaeth a'r amharodrwydd i dderbyn ffordd newydd i wneud dim – 'fel y gwnelai'r oes o'r blaen' oedd yn cyfrif.

Roedd gan y ffustwyr achos cryfach dros wrthwynebu'r newid na'r ffermwyr; wedi'r cwbl, ffon y ffust oedd eu ffon fara nhw. Ond os oedd y dyrnwr i ennill y dydd yna byddai llaweroedd o lafurwyr allan o waith ac fe olygai hynny gost sylweddol yn nhreth y tlodion. Bu i 'fudiad y gweithwyr' yn Lloegr gael cryn ddylanwad ar weithwyr amaethyddol yng Nghymru er na welwyd y dinistrio a'r bygwth a welwyd yn Lloegr. Bu i 'fudiad y gweithwyr' yn Lloegr ymroi yn ffiaidd ac yn ffyrnig i ddinistrio pob peiriant dyrnu a llosgi teisi ŷd ar hyd a lled y wlad. Gweithredai'r protestwyr hyn dan gochl rhyw gymeriad dychmygol o'r enw Capten Swing. Daeth yr enw hwn yn destun braw a dychryn i bob ffermwr. Anfonent lythyrau bygythiol i'r ffermwyr yn bygwth os na fyddent yn dinistrio'u peiriant dyrnu yna byddai'r bygythwyr yn galw heibio i wneud hynny. Dyma enghraifft o un o'r bygythion hyn dderbyniwyd gan ffermwr yn Lloegr:

Sir
This is to acquaint you that if your thrashing machines are not destroyed by you directly, we shall commence our labours.

Llythyr bygythiol gan ddilynwyr 'Captain Swing'

Signed on behalf of the whole Swing.[2]

Cymaint oedd dinistr a difrod y protestwyr hyn fel y bu iddynt etifeddu'r enw *Lydiaid*, cyfeiriad at lwyth a drigai yng nghyffiniau'r Aifft yn ôl pob tebyg ac a oedd yn enwog fel ymladdwyr ac yn arbennig fel saethyddion cywir. Mi gyfeiria'r proffwyd Jeremiah (46:9) at y '... gwŷr o Lydia sy'n arfer tynnu bwa'. Ac eto er mor ddinistriol a bygythiol oedd protestiadau'r mudiad hwn yn Lloegr, yr oedd iddynt gydymdeimlad o le annisgwyl iawn – gan rai o'r ffermwyr. Fel y cyfeiriwyd doedd gan bob ffarmwr ddim bochau bodlon iawn at y dyrnwr mawr. Fel y noda Stuart Mcdonald, mae pob arolwg amaethyddol yn nechrau'r 19eg ganrif yn pwysleisio mor gyndyn ac amharod oedd y ffermwyr i dderbyn yr injian ddyrnu.³ Aiff rhai mor bell ag awgrymu y credai rhai o'r ffermwyr yn Lloegr i'r terfysgwyr hyn ddod fel math o *law rhagluniaeth* i ryddhau'r ffermwyr o sefyllfa y'u gorfodwyd iddi yn groes i'w hewyllys. Teimlai'r unigolyn mor ddiymadferth yn wyneb proses ddi-dostur mecaneiddio. Nid rhyfedd pan gododd y Lydiaid hyn i sicrhau na fyddai yr un peiriant mewn grym mewn gwlad na thref, y teimlodd sawl ffarmwr ryw ochenaid o ryddhad. Fe setlwyd y broblem! Nid rhyfedd i'r hen ffordd o fyw ac o ffermio aros yn ei hunfan mor benderfynol. Mynnai sawl ffermwr gadw'r ffust hyd 1930 i ddyrnu symiau bach i'r ieir a dyrnu ffa i'r ceffylau neu ei defnyddio i gael hadyd ac yn arbennig i gael gwellt glân i doi. Chwilient am bob esgus i gadw'r ffust mewn gwaith, a pha ryfedd: dyma'r erfyn ffyddlona fu ar y fferm ac a weithiodd ei gwaith mor rhad. Deuai'n ddefnyddiol iawn ar adegau pan oedd y dyrnwr yn hwyr yn cyrraedd y fferm.

Ychydig iawn o ddylanwad a gafodd y protestwyr dros Glawdd Offa yng Nghymru ac o'r ychydig achosion a fu yma mae'n anodd penderfynu ai protest yn erbyn y peirianyddio ai rhyw branc chwareus ydoedd. Ar ddiwrnod dyrnu ar fferm yng Nghyffylliog, Sir Ddinbych, rhoes un o'r criw garreg mewn olwyn gocos yn y dyrnwr gan greu cryn ddifrod. Dichon mai un o ddisgyblion Capten Swing oedd y dihiryn hwnnw. Fe ddywedir i ysbryd y Capten ddod i lonydd gorffenedig ardal y Beirdd yn Eifionydd pan brynodd Lewis Thomas, Cae'r Ferch, Llangybi ddyrnwr bach newydd sbon tua 1832 am ffortiwn o £300. Ar ei ffordd adref o'r llong yng Nghei Caernarfon dechreuodd y dyrnwr newydd dalu'i ffordd yn llythrennol trwy alw o fferm i fferm rhwng Caernarfon ac Eifionydd. Yr oedd sŵn dieithr y dyrnwr newydd yn fiwsig i glust y rhan fwyaf o'r ffermwyr ond yn gnul i bob ffustiwr. Synhwyrodd Lewis Thomas fod ei beiriant newydd mewn perygl ac o ganlyniad gosododd wyliadwraeth dros ei beiriannau nos a dydd. Erbyn cyrraedd Eifionydd yr oedd y dyrnwr newydd wedi ennill deg punt ar hugain i'w feistr felly doedd neb i sefyll yn ffordd y fath lwyddiant. Ar y cyfan cafodd dyrnwr Cae'r Ferch daith ddigon di-dramgwydd yn Llŷn ac Eifionydd.

Bu achos digon amheus ar ddiwrnod dyrnu yn Rhosmeirch yn Sir Fôn. Ond efallai fod y digwyddiad hwnnw yn weithred diogyn yn hytrach na phrotest. Yr oedd pob gwaith ynglŷn â dyrnu yn waith caled a llafurus ac fe gyflogid ambell un o'r fath i wneud y criw i fyny. Yr oedd dyn y dyrnwr wedi sbotio cymeriad felly, dichon mai Thomas Thomas, Plas y Brain, Llanbedr Goch oedd y dyn dyrnwr. Un o driciau diogyn neu'r pranciwr fyddai taflu'r belt mawr a yrrai'r dyrnwr trwy blygu oddi tano a chodi i daro pen ysgwydd yn y belt. Tra bu'r criw llwglyd yn cael eu gwala wrth y bwrdd arhosodd Thomas y dyn dyrnwr i roi powlten hir drwy'r belt mawr a'i deuben yn pigo allan fodfedd neu well. Wedi cinio trwm daeth y criw yn ôl at eu gwaith, pawb i'w le ei hun. Cwmanodd y diogyn blinedig dan y belt a sythu peth i daflu'r belt ond y tro hwn rhoes y bowlten swadan giaidd ar ei ben ysgwydd nes ei luchio'n fflat i'r llawr. Yr oedd yn eglur i bawb pwy oedd i'w feio.

Ond ar waethaf pob rhwystr yn ffordd y dyrnwr bach a mawr fe enillodd ei blwyf ac fe sylweddolodd y ffermwyr fod hwn yn beiriant cwbl hanfodol i lwyddiant amaethu. Ar y cychwyn fe gyplysid y wedd â'r peiriant a golygfa ryfeddol oedd honno o gymaint â thair gwedd yn symud y dyrnwr mawr a'i gymar yr injian-stêm o gadlas i gadlas. Yn ddiweddarach cafwyd y tracsion hunanyredig a allai droi y dyrnwr a'i symud. Yr oedd yn hawdd iawn adnabod yr hen dracsion â'i gorn du uchel yn bytheirio cymylau o fwg ble bynnag yr âi. Ond ni ddisodlwyd y dyrnwr bach yn llwyr er dyfod y dyrnwr mawr, gan y gallai hwn, fel rhyw frand arbennig o gwrw, gyrraedd ambell i dyddyn anghysbell nad oedd obaith i'r dyrnwr mawr fyth ei gyrraedd. Mantais arall y dyrnwr bach: doedd dim raid cael ond dau i'w weithio ac roedd hynny'n fanteisiol iawn pan fyddai galw am ychydig o ŷd i'r ieir neu weithiau i ddisgwyl y dyrnwr mawr a fyddai'n rhy brysur. Mor ddiweddar â Rhagfyr 1877 gwelwyd hysbyseb yn *Y Goleuad*, wythnosolyn y Methodistiaid:

> *At Ffermwyr* – 'Dymuna J. Davies Ironmonger, Llangollen alw sylw ffermwyr bychain ac yn neilltuol y rhai sydd ar "leoedd uchel", at ei *Offerynnau Dyrnu* bychain a weithir yn hawdd gan ddau lanc. Fe'i danghosir yn Ffair y Bala nesaf.'

Fel y ffust o'i flaen bu'r dyrnwr bach yn loetran yn hir hyd ffermydd bychan ac anghysbell y wlad. Mi fyddai Morris Hughes, Tyddyn Llwyni, Caeathro yn ffustio mor ddiweddar â'r 1950au i gael bwyd i'r ieir.

Erbyn diwedd yr 1870au yr oedd y dyrnwr mawr wedi ennill ei le ac

Dyrnu yn Nhan Graig, Boduan, 1925. Guto Gallt y Felin (yn sefyll wrth gorn y foelar stêm efo pot oel yn ei law) oedd yn gyfrifol am yr offer

Dyrnwr bach ar Enlli, 1930au

Dyrnu yn Rhosfawr, Chwilog (Y Cymro, Medi 29, 1934)

Dyrnu ym Mhen y Bryn, Penllech, Tudweiliog, 1975. Llion Griffiths, Bigeulys Bach ar yr ystol, John Ellis, Pen y Bryn, cefn: Sam Williams, Tudweiliog ac Evan Williams, Tyddyn Isa

Dyrnwr Crichton ym Migeulys Bach, Rhoshirwaun, 1985. Yn arfer bod yn eiddo i John Roberts, Congl Cae, Uwchmynydd. Daeth yn newydd i'r War Ag yn 1943 a'i brynu gan Llion Griffiths, Bigeulys Bach yn 1969 a'i weithio tan 1979.

*Dyrnwr John Roberts, Congl Cae, Uwchmynydd
yn dyrnu yn Nhir Glyn, Aberdaron, 1956*

Jarret Hughes, Foel Uchaf, Llanllyfni

Y criw dyrnu yn Henllys Isaf, Llanbedrog, tua 1937

Diwrnod dyrnu Clegyrog Blas, Gogledd Môn, 1920au

*Dyrnu ger y Star, Gaerwen
(llun: Archifdy Gwynedd)
. . . ond sylwch be mae'r
cymeriad ar lwyfan
y dyrnwr yn ddal
uwchben y tri ar y llawr
– llygoden fawr!*

Dyrnu yn Tyddyn Llywarch, Llanddaniel tua 1900

*Symud y foelar stêm ger mynedfa fferm Coch y Moel,
Pensarn, Gogledd Môn yn y 1920au*

*Ai hwn, oedd yn eiddo i Ardalydd Môn
ac yn cael ei yrru gan Bob Davies ddiwedd y 1940au,
oedd y dyrnwr medi cyntaf ym Môn?*

*Marilyn Hughes yn codi styciau yn y Betws
ar gyfer diwrnod dyrnu 2003*

yn un o ddodrefn cefn gwlad. Yn Eisteddfod Genedlaethol Wrecsam 1876 enillodd Dewi Havhesp ar yr Hir a Thoddaid i'r Peiriant Dyrnu, prawf fod y dyrnwr mawr yn ddigon parchus bellach i gael llwyfan y Genedlaethol:

> Goludog hynodwedd gwlad y cnydau
> A wisga beiriant cnwd ein sguboriau:
> Un ydyw olwynir i'n hydlannau,
> Yn deyrn hynodol er dyrnu'n hydau:
> Hwn yw pen dyrnwr ein pau – fyn, drwy'r wlad,
> Lwyr deyrnasiad ar lawr dyrnu oesau.

Cyn hir yr oedd y dyrnwr mawr yn gyfaill i bawb; symudai yn bwyllog a thrwsgwl ar ffyrdd culion cefn gwlad yn hawlio i bawb symud o'i ffordd. Lwyddodd yr un athro ysgol erioed i ddifyrru'r plant fel gwnâi hwn. Byddai ei ru a'i arogl yn denu plant o bob cyfeiriad fel y pibydd brith gynt. Pa uchelgais hafal i blentyn o'r wlad erstalwm na bod yn Ddyn Dyrnwr:

> Gyrru'r injian-stêm i ddyrnu
> Fyddaf innau ar ôl tyfu –
> Symud lifars, troi olwynion
> Dyna waith wrth fodd fy nghalon.

Cawn y prifardd a'r ffermwr yn nisgrifiad Dic Jones o'r dyrnwr mawr ac amlwg mai yr un yn union oedd hwn yn lle bynnag y bo, boed yn Aberteifi neu yn Aberdaron ac amlwg mai yr un oedd serch pobol tuag ato:

> Â'r dyrnwr draw'n ara drên
> O hir ruo'i orawen,
> I wyll hwyr yn ymbellhau
> Ar drafael yr Hydrefau,
> A relwê us ar y lôn
> Yn blaen lle bu'i olwynion.

Arhosodd ôl olwynion hwn yn hir yng nghefn gwlad gan iddo olwynio ei ffordd i bob agwedd ar fywyd amaethyddol a chymdeithasol Cymru. Mi hawliodd hwn batrwm o weithgareddau gwahanol, fe weddnewidiodd fywyd pob fferm a thyddyn. Mi fynnai'r dyrnwr ei dendans gan bawb o'r criw a byddai pob meistr a gwas yn fwy na pharod i ufuddhau i'w ofynion. Fe greai hwn, wrth ochr y das neu'r gowlas, ryw achos o frys mawr fel yr agorai ei safn i ruo gan yrru pawb i redeg ar dith, pawb yn reddfol yn lladd nadroedd. Mi fynnodd hwn ddiwrnod iddo'i hun gan drefnu hierarchaeth i'w wasanaethu. Pwy arall a hawliodd gymaint iddo'i hun?

Y dyrnwr medi
Y behemoth hunan-yrrol hwn, y dyrnwr medi, ddaeth i ddisodli'r dyrnwr mawr yng Nghymru o ddiwedd y 1940au ymlaen. Mae hanes hir iddo. Cychwynna ei siwrnai yn Michigan yn yr Unol Daleithiau yn 1834 pan arbrofwyd efo peiriant oedd yn cyfuno llwyfan torri neu ripar â dyrnwr symudol oedd yn cael ei dynnu drwy'r meysydd ŷd gan ugain o geffylau. Medrai'r peiriant hwn dorri 10 acer y dydd. Roedd hyn yn gweithio'n iawn am fod hinsawdd sych y paith yn golygu y byddai'r grawn yn sychu'n ddigon da i fedru ei dorri a'i ddyrnu'n syth heb orfod ei stycio i sychu am wythnosau cyn ei gario, fel oedd y drefn yn ein gwlad ni.

Roedd angen peiriant o'r fath ar eangderau diddiwedd yr Unol Daleithiau am ei bod yn anodd iawn cael digon o fedelwyr i wneud y gwaith. Arbrofwyd â pheiriant tebyg yn Awstralia hefyd yn yr 1840au, eto am ei bod bron yn amhosib cael digon o lafurwyr i fedi'r cnydau. Meddyliwch mewn difri calon am griw o fedelwyr, druan ohonynt, ynghanol môr o wenith fyddai'n ymestyn hyd y gwelwch chi o un gorwel i'r llall. Byddai'n ddigon i dorri eu calonnau.

Yn 1886 y gwelwyd y dyrnwr medi hunan-yrrol cyntaf. Fe'i dyfeisiwyd gan ŵr o'r enw George Stockton Berry. Defnyddiai hwn foelar stêm i symud y peiriant yn ei flaen a hefyd i yrru'r peirianwaith. Y tanwydd a ddefnyddiai oedd gwellt yr ŷd. Roedd digon o hwnnw ar gael ac roedd yn dipyn rhatach na gorfod dibynnu ar gyflenwadau o lo neu olew. Gallai'r dyrnwr medi stêm hwn dorri 100 acer y dydd am hanner pris beindar a dyrnwr.

Datblygwyd dyrnwr medi llai ac ysgafnach, fyddai'n fwy addas i

Dyrnwr medi cynnar ar beithdir yr UD (1920au)

amodau gwledydd Prydain, gan Massey-Harris yng Nghanada yn y 1920au. Roedd hwn yn cael ei dynnu gan dractor ac yn cael ei droi gan y PTO (*Power Take Off*). Eu model '*Clipper*' oedd y cynta i osod y drwm dyrnu yn syth tu ôl i'r llwyfan torri fel gallai'r grawn a'r gwellt symud yn syth drwodd.

Datblygwyd y dyrnwr medi cyntaf ym Mhrydain gan gwmni Clayton & Shuttleworth yn 1928 yn arbennig at amodau y wlad hon. Dechreuodd ennill ei blwyf ar ffermydd mawrion canolbarth a dwyrain Lloegr a'r Alban, ond mewnforio dyrnwyr medi bychain o ogledd America, dan drefn y '*lend-lease*' adeg Rhyfel 1939-45 ddechreuodd y trawsnewidiad mawr drwy'r 1950au a'r 1960au pryd y graddol ddisodlwyd y dyrnwr mawr a'i gwmnïaeth gymdogol.

Troi wna'r rhod o hyd ac erbyn y 1980au lleihau wnaeth tyfu ydau wrth i ffermydd arbenigo, ac i lawer roi'r gorau i'w buchesi godro ac wrth i'r ffasiwn mewn porthiant gaeaf newid i silwair ac India corn. Prin iawn felly yw gweld y dyrnwr medi ar waith erbyn ein dyddiau ni, nac unrhyw fath o ddyrnu mewn gwirionedd.

Bob Davies ar y Massey-Harris yn combeinio ym Mhlas Newydd

Hen ddyrnwr medi wedi gweld dyddiau gwell, Ucheldre Goed, Mynydd Mechell, Gogledd Môn

Pryd y daeth y dyrnwr medi cyntaf i Fôn? Er fod amryw o ffermwyr wedi prynu eu peiriannau eu hunain yn ystod y rhyfel, ni ellid gwneud hynny heb ganiatâd y War Ag. Bu'n rhaid i Ardalydd Môn hyd yn oed, oedd yn aelod o bwyllgor War Ag yr ynys, ofyn sawl gwaith i'r Gweinidog Amaeth, R.S. Hudson, am yr hawl i brynu combein i weithio ei fferm ym Mhlas Newydd.

Tybed ai hwn o eiddo'r Ardalydd, ac yn cael ei yrru gan Bob Davies, oedd y dyrnwr medi cyntaf ar yr ynys? Ynteu un o eiddo'r Brodyr Jones, Llandegfan? Neu yn wir, fe honnai Tudur Owen, Penyrorsedd, Cemlyn, mai ef brynodd y cyntaf! Byddai'n dda cael gwybod. Beth bynnag am hynny, pan gyrhaeddodd y peiriant newydd mewn bocs pren mawr, nid oedd clem gan yr Ardalydd na'i weithwyr sut i'w roi at ei gilydd. Ond bu'n ffodus gan fod milwyr o Ganada, oedd yn gyfarwydd â gweithio combein ar beithiau'u mamwlad, yn gwersylla gerllaw.[4] Bu iddyn nhw ddod i'r adwy i roi'r peiriant at ei gilydd ac ar waith, tra bu gweithwyr y fferm yn lledu adwyon i'w gael i'r caeau.

---

[1] W. Davies (Gwallter Mechain), *General View of the Agriculture and Domestic Economy of North Wales* (1810)
[2] E. J. Hobsbawm a George Rudé: *Captain Swing* (1969), tud. 204
[3] Stuart Mcdonald: *The progress of Early Threshing Machines: Agric. Hist. Reviews*

Pennod 4

Hierarchaeth y Criw Dyrnu

Mi fyddai gweithgareddau a dyletswyddau'r fferm wedi'u pecynnu i wahanol ddyddiau o'r wythnos erstalwm. Aeth Lewis Glyn Cothi yn y 15fed ganrif mor bell â duwioli pob dydd:

> Duw Llun a duw Mawrth drwy goed Llinan,
> Duw Mercher, duw Iau drwy wlad Meirchian,
> Gwener a Sadwrn fal y ganon – ful
> Ato'r af dduw Sul tra feiddwy'son.

Hawliodd y dyrnwr mawr bob un ohonynt yn ei dymor ac eithrio'r Sul; mi barchodd y Sul i'r diwedd. Fu'r ffustiwr ddim mor deyrngar i'r seithfed dydd yn ôl hen hanesyn am y ffustiwr hwnnw yn pentyrru'n llechwraidd ar fore Sul. Tarodd person y plwyf ei ben i fewn trwy ddrws y sgubor ar ei ffordd i'r Foreol Weddi, a holi'n betrus:

'Beth wnei di yma wrthyt dy hun?'
Ffustiwr: 'Dyrnu ceirch hadith erbyn bore Llun.'
Person: 'Nid yw'r dydd heddiw yn addas i waith.'
Ffustiwr: 'Mae'n rhaid imi ddyrnu chwe peciad neu saith.'
Person: 'O greadur! Meddwl am dy dduw.'
Ffustiwr: 'Mae'n rhaid i ddyn tlawd feddwl am fyw.'[1]

Cafodd y dyrnwr mawr le anrhydeddus yng nghalendr pob fferm a thyddyn a chan ei fod yn gymeriad mor ramantus fe ymddiddorai pawb yn niwrnod dyrnu. Tybed ai dyma ddiwrnod pwysicaf cefn gwlad am ran helaeth o'r 20fed ganrif? Mi fyddai'r strach i'w symud ef a'i gymar o fferm i fferm â'i gwynfan undonog wrth ei waith yn gorfodi pawb yn y fro i ddal sylw arno. O'i gymharu â'r ffust a weithiai mor ddistaw a distŵr, yr oedd y dyrnwr mawr ar gyfrif ei faint a'i sŵn yn adnabyddus i bawb. Llwyddodd i ennill holl blant y bröydd i'w ganlyn ble bynnag yr âi. Tynnodd ardal at ei gilydd i gyd-weithio a daeth â dyletswyddau cwbl newydd ar raglen waith pob fferm a thyddyn. Pwy ond hwn fyddai'n meiddio torri adwy yn y clawdd terfyn llydan a fu'n derfyn rhwng ffermydd a'i gilydd er y Canol Oesoedd! Fe ddangoswyd imi *borth dyrnwr* rhwng dau dyddyn yn Llanfairynghornwy – cornel bellaf Sir Fôn, yn y clawdd terfyn rhwng *cae pella* Clegir Mawr a *chae tros lôn* Rhoscryman. Mae hi'n adwy letach na'r adwyon troliau arferol i hyrwyddo'r dyrnwr ar ei daith rhwng dwy fferm fel yr hed y frân ac i dorri siwrnai hir yn fyrrach. Fe erys yr adwy yno o hyd yn dystiolaeth i gymwynas yn cydio fferm wrth fferm a thyddyn wrth dyddyn, nid i ddiboblogi cefn gwlad ond mewn ystyr gymdeithasol!

Yr elfen gymdeithasol yma oedd cyfrinach y *diwrnod dyrnu* – galw ardal at ei gilydd yn weithlu unigryw – *criw dyrnu*. Fu erioed y fath amrywiaeth o ddyletswyddau na mwy o arbenigedd nag a ddysgwyd yn ysgol brofiad a *hen-arfer*. Mae'n naturiol gyda'r fath amrywiaeth y byddai hierarchaeth drefnus o bawb yn adnabod ei waith ac yn fodlon arno. Doedd dim amheuaeth pwy a fyddai prif gymeriad drama'r dyrnu:

Y dyn dyrnwr: Fe'i hadnabyddid gan amlaf fel dyn *Canlyn dyrnwr*; fu erioed air mwy diddorol na'r teitl yma – *Canlyn*. Y mae ystyr arbennig iawn i'r gair ymhob byd ond yn arbennig ym myd amaeth. Fu erioed air mwy buddiol i nodi perthynas dyn ag anifail, peiriant neu ferch. Yn oes y ceffylau fe gyfeirid at ddyn yn *canlyn ceffylau* neu *ganlyn 'ffyla*. Yn yr un modd fe fyddai mab a merch yn canlyn ei gilydd ac os y byddai'n berthynas nodedig byddent yn canlyn yn glòs. Yr un gair yn union a ddefnyddid i gyfeirio at y dyn dyrnwr – canlyn dyrnwr y byddai. Mi fyddai perthynas neilltuol iawn cyd-rhwng y dyn a'r dyrnwr, mi fyddai mor ofalus o'r peiriant gan ymorol y byddai pob echel yn nofio mewn olew glân. Ar sail y berthynas yma fe bersonolwyd y dyrnwr, a byddai ambell ddyn dyrnwr yn siarad amdano fel pe bai'n aelod o'r teulu. Mi fydde sôn am ddyn dyrnwr yn Llŷn erstalwm yn siarad efo'r dyrnwr! Y mae perthynas debyg rhwng gyrwyr y loriau mawr teithiau pell â'i gilydd. Tybed ai gwaith, y gorfod, ynteu'r cyfrifoldeb a greodd y fath berthynas cyd-rhwng dyn a pheiriant ac a'i gwna mor wahanol i bawb arall o'r criw dyrnu. Mae'n amlwg ddigon y byddai pob dyn dyrnwr o anianawd fecanyddol ac yn perthyn i frawdoliaeth glòs fyddai'n barod iawn i helpu'i gilydd mewn cyfyngder. Y tu allan i'r tymor dyrnu fe'u gwelid yn aml yn hel at ei gilydd mewn ffair neu sioe. Fel hyn y disgrifiodd y diweddar John Roberts, Y Foel, Llanllyfni hwy: 'Mae dynion dyrnwr fel meheryn, efo'i gilydd ymhob man heblaw am y tymor.'

Perchen y dyrnwr fyddai'r dyn dyrnwr gan amlaf er y byddai sawl un yn cyflogi i'r gwaith. Mi fyddai'r gwas cyflog yr un mor ofalus o'r peiriant â phe bai'n berchennog. Ef fyddai'r olaf i'w adael ar derfyn dydd a byddai o'i gwmpas o flaen neb yn y bore. Yr oedd statws y dyn dyrnwr ar gyflog yn llawer uwch na phob gwas fferm, câi dri swllt yn ychwaneg yn ei gyflog wythnosol na'r gwas cyffredin. Yr oedd yn wahanol o ran ei ymddangosiad hefyd – yr oedd ganddo bar o ddwylo anarferol o fawr a byddai pob dyn dyrnwr yn orchestol o gryf ac yn gallu cyflawni rhyw orchestwaith a fyddai tu hwnt i allu pob meidrolyn arall. Gwisgai pob dyn dyrnwr o'r bron lwyn bler o fwstás i orchuddio y rhan fwyaf o'i wyneb. Yr oedd ei ddillad wedi eu mwydo mewn oeliach a saim ac yn atyniad naturiol i lwch a baw. Ar adegau, gydag ysgall aeddfed a chwyn yn gymysg â'r sgubau, fe godai gŵl fân o geg y dyrnwr gan ddisgyn yn gawod ysgafn fel eira tawel ar gap a mwstás mawr y dyn dyrnwr gan ffurfio mantell wen angylaidd trosto i roi golwg annaearol iddo. Golwg a godai ofn ar sawl gwas bach yn daffod y sgubau wrth ochor y dyn yma drwy'r dydd. Ond tu ôl i'r llwch a'r baw a'r mwstás, yr oedd cymeriad clên a charedig a chyfeillgar efo plant. Fel goruchwyliwr y diwrnod dyrnu byddai'n canmol pawb er mwyn cael y gorau ohonynt; yn wir pan fyddai plant yn gwingo fel morgrug drwy'r llwch a'r peiswyn mi fedrai'r dyn dyrnwr flagardio'n enillgar. Mi roedd Jennie Thomas wedi adnabod ei hoffter o blant:

> Dyma ddwedodd dyn y dyrnwr
> Wrth fy ngweld yn helpu'r taniwr –
> Mod i'r gore un am ddysgu
> Sut i drin yr injian ddyrnu.

Yr oedd un diwrnod yng ngweithgareddau'r ffarm pryd nad oedd y ffarmwr na'r hwsmon yn dirprwyo'r gwaith; byddai pawb yn ymgynghori â'r dyn dyrnwr. Rywfodd byddai pawb yn ufuddhau i'w drefniadau ef a cheid cyd-weithio tawel a hynod o ddi-rwgnach.

Chlywyd erioed am griw dyrnu yn codi dani nag yn streicio dan amodau gwaith pur anffafriol. Yr oedd hynny i'w briodoli i ddoethineb y dyn dyrnwr a'r parch y llwyddai i'w ennill gan y criw. Nid rhyfedd iddo ennill statws uwch na neb arall o'r giang ddyrnu. Cydnabyddid ei safle yn amser bwyd hefyd; nid yn y gegin gyda'r criw dyrnu yr eisteddai ef i ginio ond trwodd yn y parlwr bach gyda'r teulu.

Ond y prif wahaniaeth rhwng y dyn dyrnwr a gweddill y criw oedd y ffaith ei fod nid yn unig yn medru trin pobl ond yn medru trin y peiriannau hefyd. Roedd yn beiriannydd, yn fecanig mewn oes amheirianyddol. Er cael injian i tsiaffio'r gwellt a'r eithin, neu i falu'r ŷd, a pheiriannau a yrrid gan fôn braich neu olwyn ddŵr, doedd y rhain, er mor hwylus, ond fel mangl dillad gwraig y tŷ o'u cymharu â'r dyrnwr mawr. Yr oedd raid wrth injianïar i drin a thrafod y peiriant dyrnu newydd a oedd yn ddirgelwch pur i bob creadur meidrol. Gosodai'r fath wybodaeth y dyn dyrnwr mewn dosbarth ar ei ben ei hun, gwyddai hwn am ddirgelion pethau ym mol dyrnwr. Gwyddai beth ddylai *tro* pob rhan o'r dyrnwr fod, a honno oedd y gyfrinach. Yr oedd tro y drwm i fod yn 1,200 tro y funud; yr ysgydwyr i fod yn 180 tro y funud; y gogrynnwyr – 180 tro y funud; y ffan – 700 tro y funud; codwr grawn 100 tro y funud a'r sgrin 25 tro y funud. Ond dichon mai'r mesurau pwysicaf fyddai mesurau'r drwm oddi wrth y ceugrwm (cafn) yr oedd yn troi ynddo. Yr oedd yn rhaid i'r bwlch rhwng y drwm a'r ceugrwm fesur 3/8 o fodfedd yn y gwaelod; 5/8 o fodfedd ar y canol ac ar y top dylai'r bwlch fod yn fodfedd a hanner. Mi fyddai'r mesurau holl bwysig hyn ar bennau bysedd y dyn dyrnwr.[2] Nid peiriannydd llyfr a phensil yn unig oedd hwn ond mecanig y glust – dyn a allai ddarllen sŵn peiriant a medru gwahaniaethu rhwng sŵn a thwrw.

Nid yn unig y byddai *tro* y dyrnwr yn bwysig; mi wyddai dyn y dyrnwr i'r dim sut i'w *osod*. Byddai raid i safle'r dyrnwr fod yn gywir i drwch y blewyn er mwyn i bob adran gael chwarae teg i weithio. Mi roedd y linell rhwng gosod cywir ac anghywir yn linell denau iawn. Y dyn dyrnwr a wyddai sut i osod, y fo a neb arall, doedd ganddo ddim pwt o gynllun ar bapur na diagram amlinellol yn frith o ffigyrau dieithr, dim ond synnwyr y fawd a grym arferiad a'r cyfan yn codi o brofiad blynyddoedd. Byddai raid i bwli'r dyrnwr gerdded yn hollol gywir â phwli'r injian stêm, y tracsion neu'r tractor. Fyddai hyn ddim yn hawdd mewn ambell gadlas anwastad. Mae hanes am William Thomas o Lanfairynghornwy mewn trafferthion felly yn gosod ei ben ysgwydd lydan tua phen blaen y tractor, yna ymsythu'n raddol a chodi a symud mymryn ar y tractor, digon i'r belt mawr gerdded mewn llwybyr unionsyth. Un o orchestion y dyn dyrnwr. Bu i olwyn dyrnwr y Felin Newydd dorri mewn strach wrth osod, doedd dim jac wrth law. Aeth Harri Thomas ar ei liniau, nid i weddïo, ond i godi o dan y dyrnwr er mwyn newid yr olwyn! Pwy ond Harri Thomas – Teigar Nanhoron fyddo'n mentro'r fath orchest. Gwyddai'r dyn dyrnwr sut i ddarllen a dehongli'r gwastedydd (*spirit level*) a fyddai ar ochr, ar dalcen ac ar din y dyrnwr. Byddai'r gwastedyddion hyn yn gyfarwyddyd sicr iawn i osod y dyrnwr ond cyfrinach gosod dyrnwr fyddai codi'r pen blaen ychydig er mwyn cael rhediad ynddo. Dyn y dyrnwr, ac ef yn unig a wyddai faint yr ychydig hwnnw. Os y byddai'r grawn yn farwaidd mi fyddai raid cael mwy o rediad yn y dyrnwr ac os y byddai'r grawn yn fywiog mi fyddai raid gwastatáu'r dyrnwr rhag i'r grawn lifo'n rhy wyllt i din y dyrnwr. Ymdrechai'r dyn dyrnwr i sicrhau y cerddai'r belt mawr yn gwbl union o ganol y chwylolwyn i bwli'r dyrnwr. Un o'r pechodau mawr fyddai taflu'r belt, digon i'r dyn dyrnwr golli ei gymeriad a disgyn i lefel y meidrolion o'i gwmpas.

Gadawodd rhai o'r dynion dyrnu eu henwau da ar eu holau. Daw enw Richard Williams, amaethwr adnabyddus a anwyd yn Nhreban, Bryngwran, i'r cof. Ef oedd y cyntaf i ddod â pheiriannau dyrnu i Sir Fôn. Yr oedd yn ŵr o gryn fri, a'i daid Owen Williams yn Uchel Sirydd Môn yn 1805. Enillodd Richard Williams gryn enw iddo'i hun fel peiriannydd yn ei ddydd er mai ychydig o fanylion a wyddom am hynny gan iddo ennill cymaint o anrhydeddau eraill. Yr oedd ymysg yr ychydig bersonau o Fôn a wahoddwyd i Jiwbilî Coroniad y Frenhines Victoria yn Abaty Westminster.[3]

Mi wyddom lawer mwy am Lewis Thomas, Cae'r Ferch ym mhlwyf Llangybi yn Eifionydd. Mae'n haeddu lle yn oriel anfarwolion dynion dyrnwr; ef ddaeth â'r peiriant dyrnu cyntaf i Sir Gaernarfon. Porthmon moch oedd Lewis Thomas arferai gerdded y moch o Eifionydd i borthladd Afon Saint yng Nghaernarfon, taith o 25 milltir, cyn cychwyn am Lerpwl. Sais o'r ddinas honno, ei fab-yng-nghyfraith, a'i perswadiodd i brynu injian stêm a dyrnwr newydd; cryn fenter.

Glaniodd y peiriannau yng Nghaernarfon a chredai'r perchennog nad oedd wiw i beiriannau mor ddrud deithio'r holl ffordd i Eifionydd heb ddechrau ennill. Er gwaetha'r ffaith fod y ffustwyr yn gwrthwynebu peiriannau dyrnu yn fileinig gan fygwth eu llosgi a'u dinistrio fel a ddigwyddai yn Lloegr, eto fe gerddodd y dyrnwr newydd yn bwyllog a gwyliadwrus ar ei daith gyntaf gan alw ymhob fferm i ddyrnu. Erbyn cyrraedd Cae'r Ferch yr oedd wedi ennill deg punt ar hugain i'w feistr.

Ond nid oedd pob dyn dyrnwr yn berchen dyrnwr. Ar gyfrif eu gallu a'u dawn fecanyddol yr ymddiriedid y dyrnwr a holl gyfrifoldeb y dyrnu iddynt.

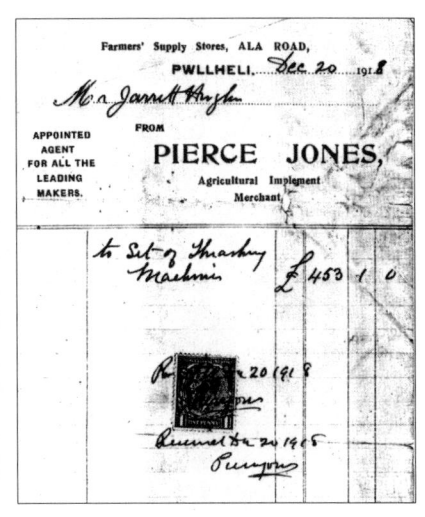

Derbynneb am ddyrnwr newydd i Jarret Hughes, Rhagfyr 20fed, 1918

Un o'r rhai hynny oedd Gruffydd Jones, Gallt y Felin, Llaniestyn yn Llŷn. Roedd Guto'r Dyrnwr, fel y'i gelwid, yn beiriannydd tan gamp ac yn deall y dyrnwr mawr i'r dim. Bu'n gofalu am ddyrnwr Jarret Hughes, Foel Uchaf, Llanllyfni am flynyddoedd, yn ddyn onest a da i'w feistr. Fe hanai Jarret Hughes o Fôn yn wreiddiol; daeth i Arfon i agor chwarel ond erbyn 1909 yr oedd yn berchen o leia chwe dyrnwr, pob un â'i ddyn i'w canlyn yn gweithio ardaloedd eang. Gweithiai dyrnwrs y Foel Uchaf rannau helaeth o Lŷn ac Eifionydd, draw i gyffiniau Caernarfon, Llanfairfechan, a chyn belled â Harlech a'r Bermo ym Meirionnydd. Ar y trên y gyrrai ei beiriannau dyrnu i'r ddau gyfeiriad cyn belled â'r Bermo a Llanfairfechan. Roedd yn un o'r busnesau dyrnu mwyaf yng ngogledd Cymru. Heb os, Guto'r Dyrnwr oedd prif ddyn Jarret Hughes gyda'i ofal dros yr holl ddyrnwrs i'w cadw mewn ripârs yn y gweithdy yn y Groeslon. Yr oedd y tymor dyrnu yn amser llawn a phrysur ryfeddol i Guto; crwydrai bellter o'i gartra yn canlyn y dyrnwr.

Nid rhyfedd i Harri Thomas, y Felin Newydd yn Nanhoron, dafliad carreg go dda o Allt y Felin, lwyddo i ddenu Guto at beiriannau'r Felin. Yr oedd y Felin Newydd yn un o'r lleoedd prysuraf yn Llŷn. Yr oedd

*Guto Gallt y Felin
– enjiniar o fri*

yno sawl dyrnwr, stabliad o stalwyni ac un o felinau prysura'r wlad. Roedd yn gaffaeliad i Harri Thomas lwyddo i ddenu injianïar fel Guto Gallt y Felin. Fu erioed gymeriad mwy enwog na Harri Thomas, Teigar Nanhoron – dyn dyrnwr delfrydol – dyn o gorff mawr cyhyrog gyda llond ei wyneb o fwstas di-addurn yn ddychryn i bob plentyn. Daliai lygod mawr â'i ddwylo fel daeargi. Fel sawl dyn dyrnwr byddai Harri Thomas yn cnoi baco shag Amlwch ond yn wahanol i eraill byddai Harri yn poeri'r sudd lle y mynnai; fyddai oedfa yng Nghapel y Nant ddim yn atal Harri rhag cnoi, ac yn ôl y sôn, byddai'r sudd ar lawr wrth ei draed. Yr oedd yn wahanol iawn yn hyn i'w gymydog Owen Clos Griffiths, dyn dyrnwr o'r Cefn, Abersoch; yr oedd yntau yn gapelwr selog ac yn gnoiwr baco ond fe boerai ef y sudd i boced uchaf ei wasgod o barch i'r lle. Treuliodd Guto Dyrnwr flynyddoedd hapus yn y Felin Newydd â gofal dros y peiriannau gan gynnwys y tractor Titan cyntaf a ddaeth i Lŷn. Yr oedd Guto yn gymeriad digon lliwgar i ganlyn un o stalwyni'r Felin yn ei dymor; ymsythai'r ddau – y stalwyn a Guto – hyd ffyrdd culion Llŷn. Ond mecanig oedd Guto o flaen popeth arall. Ar ddiwedd y tridegau ac yntau ond pedwar deg naw oed, bu farw Guto Gallt Felin, y pennaf o beirianwyr y dyrnwr mawr.

Wrth symud o Ben Llŷn i ben mynydd y Garn yng ngogledd-orllewin Môn, cawn ddyn dyrnwr rhyfeddol o debyg i Harri Felin Newydd. Yr oedd William Thomas, Pendref, yn gymeriad cryf a hynod o orchestol. Pan briododd William Hugh, Rhoscryman, ei gymydog, â merch ifanc o Langefni, galwodd William Thomas yno i'w llongyfarch yn y dull arferol o ysgwyd llaw. Y mae Olwen yn dal i gofio fel y credai'n siŵr na châi hi fyth ddefnydd o'i llaw dde wedi'r gwasgu dirdynnol hwnnw. Dyn ydoedd na wyddai beth oedd ei nerth; codai bwysau enfawr a phlygu heyrn fel plygu brwyn. Yn wahanol i'r rhelyw o ddynion dyrnwr, fyddai William Thomas fyth yn cnoi baco ond fe'i smociodd ar hyd ei oes. Ymffrostiai iddo smocio cetyn er yn bedair oed. Cadwai ei getyn y tu ôl i stydsen pig ei gap seimlyd. Yr oedd yng nghwr pellaf Ynys Môn lawer iawn o dyddynnod hynod o anghysbell i'w cyrraedd ac anwastad ar y llethrau i neb geisio gosod dyrnwr yno. Fe lwyddodd William Thomas ar waethaf pob anhawster a llwyddo hefyd i adael atgofion gorchestol a gwamal ar ei ôl.

O symud o ardal y Grug yn nes at waelod yr Ynys, yr oedd yn Llanbedr Goch deulu o ddyrnwyr nodedig iawn. Bu ym Mhlas y Brain ddyrnwr gydol oes y dyrnwr mawr. Yr oedd Thomas Thomas yn gymaint o beiriannydd ag a oedd o ffermwr – yr oedd peirianneg yn ei waed. Yr oedd hefyd yn geffylwr nodedig iawn, dawn werthfawr ryfeddol yn oes y ceffylau i symud popeth. Tybed ai Thomas Thomas yw'r unig gertmon a fentrodd groesi'r Traeth Coch yn arwain y dyrnwr mawr a thrwy hynny arbed gorfod mynd yr holl ffordd drwy Bentraeth am Lansadwrn a Llanddona? Yr oedd hon yn gryn gamp ar ran y ceffylwr o Blas-y-Brain gan fod y ceffyl yn anifail hynod o sensitif i unrhyw simsanrwydd dan ei droed. Mae'n debyg mai Thomas Thomas oedd ar ei ffordd adref i Fôn o'r tir mawr gyda'i ddyrnwr a'r wedd ar noson wyntog. Pan gyffyrddodd traed y ceffyl blaen ar y bont grog, moeliodd gan wrthod symud ber am y teimlai fod y bont yn aflonydd. Methodd pob ymdrech i berswadio'r ceffylau dros y bont y noson honno. Fodd bynnag, mi roedd dyrnwr Plas y Brain yn ddigon enwog i'r rhigymwr Thomas Hughes o Bwll yr Olwyn, Dulas ganu ei glodydd. Hoeliwyd un o'r penillion ar din y dyrnwr yng ngolwg pawb:

> Dyma beiriant y peiriannau,
> Dyma'r gorau yn y fro,
> Os oes arnoch eisiau dyrnu
> Bobol annwyl dyma fo.

Bu'n ormod o demtasiwn i un o'r criw ac fe newidiodd y llinell olaf yn slei bach gan ddiraddio'r dyrnwr trwy nodi un o'i wendidau:

> 'Mae o'n ddiawl am iwsio glo.'

Enillodd William Jones, Coed y Garth enw iddo'i hun fel *bora godwr*. Tua diwedd y 19eg ganrif, trigai ym Mrynmawr rhwng Rhosddu a Sarn

Mellteyrn yn Llŷn. Cerddai cyn belled ag Aberdaron, taith well na deng milltir at y dyrnwr, erbyn tua chwech o'r gloch er mwyn codi stêm erbyn dechrau dyrnu. Mae yna hanesyn digon smala amdano ar un achlysur ddiwedd y tymor dyrnu yn casglu'i arian yn y ffermydd a'r tyddynnod. Cyn mynd adref galwodd yn un o dafarndai'r Sarn i wlychu'i big a dichon taro ar ddyledwr. Fe synhwyrodd rhywrai fod ganddo arian arno ac mi fyddai'n gyfle da i'w cael ar y ffordd unig i Frynmawr. Cerddai William Jones yn dalog i fyny'r Graig Las ac yna troi i'r chwith am adra rhwng y cloddiau uchel. Wrth nesu at fferm Cefnen gwelodd gysgod o ddau yn camu i'w lwybr yn fwriadol gan esgus holi – 'Faint ydi hi o'r gloch?' Synhwyrodd William Jones y sefyllfa, fod yma ddau yn barod i ymosod. Atebodd eu cwestiwn gyda'r geiriau 'mae hi'n mynd i daro' a dyrnod nerthol. Cafodd William Jones y llaw uchaf ar y ddau – dyrnodd yn ddi-dostur gan adael y ddau yn tuchan yn ddolefus. Cyn mynd i'w gwlâu dychwelodd Elin ac yntau i fan yr ymladdfa, yn poeni am eu cyflwr, ond diolch i'r drefn roedd y ddau wedi llwyddo i symud. Yn ôl siarad ardal, bu'r ddau ddihiryn yn eu gwlâu am ddyddiau yn edifar am iddynt erioed fygwth dyn dyrnwr!

Erbyn troad y ganrif yr oedd William Jones wedi gwerthu'r dyrnwr i William Roberts a'i feibion, Hendre Bach, y Ffôr. Yr oedd mwy o dyfu ydau erbyn hyn a bu cynnydd yn nifer y dyrnwyr. John Lloyd Jones, Brynffynnon, Rhosfawr, y Ffôr a ganlynai ddyrnwr Hendre Bach. Yr oedd John Lloyd yn ddyn dyrnwr cwbl wahanol i'r patrwm arferol – gŵr tawel diymhongar a chwbl ddi-ymffrost, gwerinwr diwylliedig a heddychwr cadarn. Gwelodd lawer newid yn y diwrnod dyrnu o'r stêm a'r ceffylau i'r tracsion a'r tractor i symud ac i yrru'r peiriant dyrnu. Bu Owen Evans, neu Now Tir Gwyn, yn bartner i John Lloyd am dymhorau lawer ac ni fu yn unman gydweithio gwell. Yn ffodus iawn fe drysorodd John Rees, mab John Lloyd, ddyddiaduron dyrnu ei dad yn cofnodi ffeithiau diddorol iawn gyda maint y gylchdaith a oedd yn eithriadol o fawr. Fe noda'r dyddiadurwr i amser dechrau dyrnu amrywio; yn 1931 fe ddechreuwyd dyrnu ar yr 16eg o Fedi a deuddydd yn gynt ar y 14eg o Fedi yn 1932, prawf o hin ffafriol a chynhaeaf cynnar o ganlyniad. Ond yn 1936 yr oedd y cynhaeaf yn ddiweddarach o bron i bythefnos. Ceir cyfle mewn pennod arall i sylwi ar delerau dyrnu a manylion eraill am y gylchdaith ddyrnu.[4]

Yr oedd Ellis Owen, Fferm Paradwys, Llangristiolus yn beiriannydd nodedig iawn er ei fod yn fab i ffarmwr enwog, Owen Owens. Dyma'r fferm a anfarwolwyd gan Evan Gruffydd – y Gŵr o Baradwys. Wedi tymor unig a hiraethus yn ardal y Berffro, daeth yn ôl i fro ei febyd: 'Pan ddaeth yn Glanmai 1914, cefais fy hun unwaith eto yn cynnau tân ar hen aelwyd y Fferam . . . teimlwn fy hun wedi cael dod adref megis â'm helbulon i gyd ar ben.' Yr oedd ysfa'r peiriannydd yn llawer cryfach yn Ellis Owen na rhadlonrwydd y ffarmwr, ac er fod oes y dyrnwr mawr yn dechrau dirwyn i ben yn nechrau'r pedwardegau a sŵn peiriannau newydd eto yn y pellter, mentrodd brynu dyrnwr mawr mewn ocsiwn fferm ym Mhlas Llanfaglan ger Caernarfon. Yr oedd Llanfaglan yn bell iawn o Baradwys i Fordson bach, ond mentrodd Ellis Owen yn llawn balchder gan aros noson yng Nghaernarfon cyn cychwyn drannoeth â'r dyrnwr olaf a ddaeth i Fôn. Er i'r Ail Ryfel Byd newid cwrs popeth, mi gafodd dyrnwr y Fferam dymor llwyddiannus. Profodd Ellis Owen ei hun yn ddyn dyrnwr derbyniol. Ond cyn i ddyrnwr Paradwys fynd o'r neilltu i wneud lle i'r dyrnwr medi – y combein – daeth galwad annisgwyl iawn at Ellis Owen. Yr oedd ffarmwr o'r ardal wedi rhoi cynnig ar y peiriant newydd – y dyrnwr medi – i dorri cae o haidd. Fu'r fath siomiant erioed, doedd y grawn ddim yn lân o gwbl heb ei drin na'i golio'n iawn. Llyncodd y ffarmwr ei falchder a gofyn yn garedig i Ellis Owen a gâi roi yr haidd drwy'r dyrnwr mawr. Bwydwyd yr haidd yn bwyllog i ddyrnwr Fferam a daeth yr haidd puraf o adran y puryd. Daeth pennod ddifyr y dyrnwr mawr i ben ar nodyn buddugoliaethus.

Y criw dyrnu: Wedi'r cwbl y nhw – y criw dyrnu fel tîm dan oruchwyliaeth y dyn dyrnwr gyflawnai'r caledwaith o ddyrnu. Er mor llafurus y gwaith, eto yr oedd yn achlysur hwyliog a gwahanol i'r criw dyrnu pan ddeuai pawb at ei gilydd i rannu'r gwaith. Yr oedd diwrnod dyrnu yn achlysur cymdeithasol a chyfle i gydweithio a chwmnïa gyda gweision y gymdogaeth, llawer ohonynt yn gyfoedion ysgol; y fath newid. Yr oedd bywyd gwas ffarm yn ddigon di-liw ac unig, yn wahanol iawn i fywyd y chwarelwr yn ymgynnull yn y caban. Nid rhyfedd fod diwrnod dyrnu yn achlysur mor neilltuol i'r criw am fod elfen gymdeithasol mor gref iddo. Cyn dyfod y dyrnwr doedd dim rhaid wrth griw i ddyrnu, dim ond dau ffustiwr, y rheini'n ddau was neu ddau yn gweithio ar gontract. Yr oedd dyrnu'n waith dyddiol gydol tymor y gaeaf, doedd diwrnod dyrnu â ffustiau yn cyffroi dim ar fywyd y fferm. Ond pan ddaeth y dyrnwr mawr mi hawliodd hwn griw o bymtheg i ddeunaw o griw i'w ganlyn.

Fel y byddai cloch y Llan yn galw'r addolwyr ar fore Sul, a chloch yr ysgol yn galw plant y pentref ynghyd at eu tasgau, felly hefyd y byddai chwiban yr injian stêm yn galw'r criw dyrnu i'r gadlas. Ar ganiad y chwiban mi fyddai pen y dyrnwr wedi agor a'r stêm wedi codi'n ddigon uchel. Deuai'r criw o bedwar ban yr ardal, fel yr hed y frân ar draws y caeau, cap ar ochor y pen, picfforch ar yr ysgwydd a sach dan y fraich rhag cawod. Yr oedd caniad yr utgorn yn galw'r criw gyda'u harfau yn debyg iawn i alwad i'r gâd, ond fu erioed fyddin mwy heddychol na'r rhain.

Ar wahân i'r gweision a oedd yn rhan o gytundeb ffeirio'r ffermydd a'r tyddynnod, mi roedd diwrnod dyrnu yn gyfle i ambell ddiogyn ennill pres poced a'i fwydo. Mi fyddai dywediad cefn gwlad at rai tebyg: 'o, canlyn dyrnwr mae o'. Un o'r rheiny oedd Dic Rolant, yr olaf grogwyd ym Miwmares yn 1862. Llofruddiodd Dic ei dad-yng-nghyfraith Richard Williams a oedd ar ei ffordd adref o'r Gaerwen, Llanfaethlu, fferm ar y terfyn, ac yntau wedi bod yn trefnu dyrnu drannoeth. Yn ddiddorol iawn, dyma sut y cyfeiriwyd at Dic Rolant yn y Llys: *'He has no permanent job, only following the threshing machine from farm to farm.'* Mae'n wir fod Dic yn enghraifft eithafol o'r *canlynwyr dyrnwr*!

Ond heb os y dyn dyrnwr oedd â phrif gyfrifoldeb y diwrnod dyrnu. Y fo a'i bartner, a neb arall, a fyddai yn ffidio'r sgubau i'r dyrnwr; fe wyddai i'r dim sut i'w bwydo, a gofalai na roddai ormod o damaid rhag ei dagu. Cyfrinach y ffidiwr fyddai gollwng y sgubau'n wastad a chyson gan ochel rhoi straen ar y dyrnwr. Mae'n debyg mai cario'r grawn oddi wrth y dyrnwr i lofft yr ŷd neu'r granar gyfrifid y gwaith trymaf a phwysicaf ar y diwrnod. Dau ddyn cydnerth a wnâi'r gwaith yma, neu os y byddai'r daith yn bell o'r dyrnwr i'r granar, yna byddai raid cael tri o ddynion. Os y byddai'r ŷd yn ildio'n dda byddai raid cadw i fynd gan gynted y llenwai'r sach. Yr oedd haidd a gwenith yn drymach lawer na cheirch a byddai cario'r rhain gydol dydd i fyny grisiau o gerrig garw yn gryn laddfa. Ond cynnwys y granar oedd cyfoeth y cynhaeaf ac o ganlyniad cyfrifid hon yn fangre bwysig ryfeddol, yn llawer pwysicach na llofft y stabal lle cysgai'r gweision.

Y ddau nesaf at y cariwrs ŷd oedd y ddau neu dri a fyddai ar y das neu'r gowlas yn estyn yr ysgubau i ben y dyrnwr. Yn eu llaw hwy y byddai tempo'r dyrnu. Byddai'r dyrnu yn araf ac yn anwastad os y byddai dynion y das yn ddi-afael ac anwastad wrth eu gwaith, tra y byddai dau ddyn cyson a gwastad yn cadw'r dyrnu ar gyflymder bywiog. Byddai merched yn gwneud y gwaith yma, yn enwedig adeg rhyfel, gan wneud cyfrif da ohonynt eu hunain trwy godi'n gyson ac estyn y sgubau fel y byddai'r torrwr tenynnau yn barod. Mewn ambell fan, Sir Fôn yn un, byddai dau lanc ar ben y dyrnwr ar wahân i'r ffidiwr – un yn torri'r tennyn a'r llall yn taenu'r ysgub i'r ffidiwr. Ond yn Llŷn y torrwr sgubau a wnâi'r taenu, ef a'r ffidiwr.

Wrth symud at ben blaen y dyrnwr lle yr hyrddir y gwellt allan yn gymylau mawr, byddai dau neu dri yn codi'r gwellt i'r das neu gowlas gerllaw. Yr oedd hon yn orchwyl lafurus ac annymunol gan y byddai cymaint o lwch a baw yn gogor-droi yn barhaus yn gymysg â'r gwellt. Mae'n debyg mai dyma'r orchwyl drymaf ar ddiwrnod dyrnu yn arbennig pan fyddai'r das wedi codi'n uchel. Yn Llŷn codent y gwellt, dau ochr yn ochr yn codi fforchiad ddwbwl efo'r picffyrch. Mi roedd yn waith caled a di-doriad os y byddent yn dyrnu'n galed.

Mewn rhai ardaloedd byddai dyfais ar flaen y dyrnwr fyddai'n clymu'r gwellt yn sypiau mawr. 'Potal' fyddai'r term am un o'r rhain yn Llŷn. Yr oedd y dull yma eto yn waith llafurus a hambyglyd. Dull digon tebyg a ddefnyddid yn Sir Fôn hefyd; byddent yn bachu cortyn wrth ddolen ar dalcen y bwrdd gwellt gan adael y gwellt i ddisgyn a phentyrru ar y cortyn, yna cau y cortyn am y baich a sgriwio oddi tano ac ymlafnio i'w gario i fyny ysgol gul i ben y das. Ond pa ddull bynnag a ddewisid yr oedd hi'n bur galed ar hogia'r gwellt. Nid rhyfedd mai ymhlith y rhain y ceid y mwyaf o orchestu ac ymffrostio mewn cryfder.

Mae hanes am sawl cariwr gwellt wedi claddu'r taswr dan fynydd o faich o wellt. Ond heb os, gwaith y taswr gwellt ofynnai am sgiliau ac amynedd. Dylifai'r gwellt o grombil y dyrnwr yn ysgafn, bywiog ac yn sbringar nad oedd fodd i'w galedu dan droed yn llanw i'r das simsan. Pan welai'r cariwrs gwellt fod pethau allan o reolaeth gan y taswr a hwnnw fel pe'n cerdded ar donnau aflonydd y môr, yn cael ei daflu o don i don, yna codent fynyddoedd o feichiau gwellt i gladdu'r creadur. Digwyddiad digon smala fyddai i'r das wellt droi yn un llanast hyd y gadlas a'r taswr druan wedi colli'i gymeriad ac yn destun hwyl gan bawb o'r criw. Pwy tybed oedd y taswr hwnnw o Landdona, Môn ers stalwm:

> Claddu'r drol a chladdu'r dyrnwr
> A'r gwas bach a gariai'r us,
> A bytheiriai'r enjin dreifar
> Fynd a'r taswr dewr i'r Llys.

Ond heb os y gwaith mwyaf annymunol ynglŷn â holl waith y dyrnu fyddai cario'r peiswyn a ddisgynnai fel eira oddi tan y dyrnwr. Pwy ond y gwas bach a fyddai'n ddigon ufudd i drybaeddu yn y llwch a'r baw? Cariai'r peiswyn mewn nithlen, sach fawr a honno'n disgyn yn llaes i'r llawr o'r tu ôl iddo, yna ei daenu yn wely i'r gwartheg stôr yn y siediau. Weithiau byddai'r llanc wedi gorlwytho'r nithlen ac wrth fustachu i'w chodi ar ei gefn, llithrai peth o'r peiswyn a'r col haidd i lawr rhwng crys a chroen y creadur a'i boenydio am weddill y diwrnod.

Weithiau fe gâi'r gwas bach gwmni diddan merched y pentra i gasglu peiswyn i newid y gwlâu. Ond wnâi ond y peiswyn glanaf a'r gorau y tro ar gyfer y gwely. Gwely peiswyn fyddai gan y bobol gyffredin erstalwm tra cysgai'r bobol uwch na'r cyffredin mewn gwlâu plu. Byddai raid newid y gwely peiswyn yn flynyddol i gael gwely glân. Yn wahanol i'r gwely plu neu wely fflocs, yr oedd gwely peiswyn yn magu chwain o ganlyniad i'r plant lleiaf yn gwlychu. Fu erioed well magwrfa i chwain na gwely peiswyn wedi'i ddyfrio'n dda! Byddai'n anodd cael peiswyn glân ar gynaeafau drwg; byddai'r peiswyn wedi'i lygru ac yn cacenu'n ddrewllyd ar ei gilydd. Ond mae'n syndod ar dymor gwael fel y llwyddai'r merched diwyd, gyda help y gwas bach, i gael digon i wneud gwely.

Dyma ddisgrifiad o wely us mewn llofft stabal ym Modffordd:

> 'Hen le oer, a'r gwely us
> Yn berwi o chwain barus.'

Llygod: Cyn cau pen y dyrnwr y mae un gorchwyl yn aros sef sicrhau na ddihango yr un lygoden fawr ac os yn bosib yr un lygoden fach chwaith. Mae ynom bawb atgasedd greddfol at bob llygoden fawr, er y myn rhai ei bod yn anifail bach deallus a hoffus ond ei bod yn beryglus o nerfus. Boed hynny fel y bo, daeth yn ddyletswydd os nad yn gyfraith gwlad, y dylid lladd pob llygoden fawr ar ddiwrnod dyrnu. Byddai diwrnod dyrnu yn ddiwrnod lladdfa'r llygod o bob math.

Gyda diwedd mis Medi a'r tywydd yn oeri a'r ddaear yn wlyb, deuai'r llygod mawr i chwilio am gysgod a chnesrwydd wedi porthi allan drwy'r haf. Byddai'r teisi ŷd yn gartref delfrydol iddynt dros y gaeaf, bwyd ddigon, dyma gaffiteria di-dâl! Cyhoeddwyd stori anghyffredin am lygod gan ohebydd arbennig *Y Cymro* (Chwefror 3: 1940): 'Difrodwyd tas o haidd gan lygod mawr Pentre Eirianell yn Nulas, Môn, cartref y Morrusiaid er eu bod hwy wedi gadael erbyn hyn. Pan oedd Napoleon â'i fryd ar ryfela yn erbyn Lloegr, fe gymerwyd y fferm hon yn Nulas gan wraig ddieithr i bawb yn yr ardal. Ni fedrai'r ddieithwraig air o Gymraeg ac roedd ei Saesneg yn ddigon bratiog. Fe'i hadnabyddid fel Marie er mai Marie Joscelyn oedd ei henw iawn. Prif gynnyrch y fferm ganddi oedd haidd a gwenith. Fe gadwodd y cynhaeaf am ddau dymor cyn ei ddyrnu gyda'r gobaith y byddai prisiau ydau'n codi lawer yn uwch. Ond pan aeth ati i ddyrnu'r teisi yr oedd un das wedi ei difetha'n llwyr gan lygod mawr a'r das arall yn ysu o nadrodd gwyllt ffyrnig. Cafwyd ar ddeall ar ôl i Marie adael y fro mai Ffrances oedd hi wedi ei hanfon yn arbennig gan Napoleon fel ysbïwr. Yr oedd Napoleon am wybod pa fath deimladau a oedd yng Nghymru tuag at y Saeson gan obeithio creu chwyldro a gwrthryfel rhwng Cymru a Lloegr.'

Flynyddoedd ynghynt bu i William Morris (un o'r Morrisiaid enwog) ysgrifennu at ei frawd Lewis Morris gyda gofid: 'Dyw Llun y bu ganwyf dri dyn yn medi fy holl ŷd a mawr nid ychydig oedd y drafferth: llygod Norwy yn ei ysu oddiar ei draed.'[5] Fedrai'r llygod yna ddim disgwyl i'r ŷd gyrraedd y das. Lle bynnag y ceid pla o lygod mawr, doedd dim i'w ddisgwyl ond difetha ymhob modd trwy gnoi a tsiaffio â'u dŵr yn wenwyn ar y gwellt.

Mi roedd diwrnod dyrnu yn gyfle da ryfeddol i ddifa'r fath bla. Byddai'r plant a'r gwas bach yn pastynu'n ddi-arbed a'r daeargi yn cythru. Roddai dim fwy o foddhad i'r rhyfelwyr bach na gosod y gelanedd farwol â'u boliau gwynion i fyny yn rhes hir yng ngolwg y criw dyrnu fel y byddai cipar y stâd wrth ei fodd yn arddangos y *'vermins'* chwedl yntau, er mwyn i'r sgweier eu gweld.

Mae hanesyn am un o Forfa Nefyn a gafodd hanner sachaid o geirch yn dâl am helpu gyda'r dyrnu yn Nhan y Graig, Boduan. Ar ei ffordd adref â'i gyflog ar ei gefn, cerddai'n dalog rhwng Bryncynan a Thynycoed pan ddaeth plismon Nefyn i'w gyfarfod ar ei feic. Adnabyddai'r plismon ef fel potsiar a gorchmynnodd iddo roi ei helfa i lawr iddo gael golwg arnynt. Fu erioed botsiar parotach i agor ei sach i blismon! Bu cynnwys y sach yn siomiant i'r ddau, y plismon a chanlynwr y dyrnwr – sachaid o lygod mawr marw! Bu i un direidus o'r criw dyrnu weld ei gyfle a newid y ddau sachaid.

Mae'n naturiol y byddai diwrnod dyrnu yn gyfle da i chwarae triciau a thynnu coes y naill ar y llall. Byddai'r forwyn yn darged da yn amal gan y criw dyrnu a chymerid mantais ar ei hofn o lygod bach yn fwy na llygod mawr. Ar ddiwrnod dyrnu ym Metws-yn-Rhos un tro, aeth un direidus o'r criw dyrnu â nythaid o gywion llygod bach mewn bocs matsus a'u rhoi ym mhoced un o'r morwynion heb yn wybod iddi. Fu'r fath sgrechfeydd mewn tŷ erioed; yr oedd gwraig y tŷ a'r forwyn mewn llewyg. Ar ôl ymbwyllo peth, penderfynodd gwraig y tŷ mai allan ar glawdd yr iard y byddai'r criw dyrnu yn cael eu cinio y diwrnod hwnnw.

Mewn achos arall, digon tebyg, rhoes un o'r criw dyrnu lygoden fach ym mhoced brat y forwyn yn slei. Toc rhoes y forwyn ei llaw ym mhoced agored ei brat. Teimlodd lygoden, ac aeth yn oer ac yn fud. Pan gafodd ei hanadl yn ôl, meddyliodd yn dawel am dric yn ôl a fyddai'n effeithio ar y criw i gyd gan na wyddai pwy oedd yn gyfrifol am y fath weithred. I ddial ar bawb, rhoes lond y pot halen o Epsom Salts. Bu'r effeithiau yn rhyfeddol o ddirdynnol, a'r cyfan o achos llygoden fach ddiniwed *farw*!

Mi gafodd un o'r criw dyrnu brofiad anghyffredin iawn tra'n codi'r sgubau o'r das i'r dyrnwr. Wrth nesu at waelod y das gwea'r llygod mawr drwy'i gilydd fel morgug yn chwilio am ddihangfa yn rhywle. Yr oedd y lle yn fyw o lygod, daliwyd amryw, dihangodd llawer ac aeth un yn syth i fyny coes trowsus y codwr sgubau! O drugaredd llwyddodd i'w thagu'n farw cyn iddi gyrraedd y *groesffordd*! Byddai'r rhai mwy profiadol ymysg y criw dyrnu yn clymu llinyn o dan benglin eu trowsus i atal llygod rhag dringo i fannau na ddylsent.

Pan dorrodd yr Ail Ryfel Byd allan yn 1939, daeth stribedi o fân reolau a deddfau o'r *Swyddfa Fwyd* yn deddfu er mwyn cynilo ac osgoi pob gwastraffu. Ymhlith y deddfau hyn daeth yn orfodol i gylchynu'r

Llygod mawr wedi eu lladd ar ddiwrnod dyrnu yn y Wenallt, Bylchau, Dinbych yn 1958 gyda Scot y ci yn gwarchod yr helfa[6]

das a'r gowlas ŷd ar ddiwrnod dyrnu â weiren netin fân i sicrhau na ddihangai'r un lygoden boed fawr neu fach. Byddai dau lefnyn a daeargi yn wastad ar wyliadwriaeth i bastynu a lladd pob llygoden. Er mwyn sicrhau fod yr orfodaeth mewn grym, caed swyddog o'r Weinyddiaeth Amaeth i gadw llygad barcud ar y sefyllfa. Galwodd un o'r swyddogion hyn mewn fferm yn Abererch yn Eifionydd ar ddiwrnod dyrnu. Dr Alun Roberts oedd y swyddog hwnnw a rhoes orchymyn i stopio'r dyrnwr y funud honno, er syndod i bawb. Rhoes orchymyn na chaent ailgychwyn y dyrnwr nes y byddai weiren yn cylchynu'r gadlas i garcharu pob llygoden.

---

[1] *Fferm a Thyddyn*: Rhif 9, (1992), tud. 40
[2] McConnell's *Agricultural Note Book*: P. McConnell (1894), tud. 59
[3] R. Môn Williams: *Enwogion Môn 1850-1912*, tud. 139
[4] John Rees Jones: *Fferm a Thyddyn*; Rhif 5, (1990)
[5] J. H. Davies: Cyf. 2. *Llythyrau'r Morrisiaid*. (1909), tud. 504
[6] Emlyn Davies, *Fferm a Thyddyn*: Rhif 52, (2013) tud. 9

Pennod 5

Cinio Dyrnu

Y cinio digymar
Tua diwedd y 19eg ganrif, cafwyd eitem newydd ar fwydlen gymdeithasol cefn gwlad Cymru – *Cinio dyrnu*. Fu diwrnod dyrnu ddim yn achlysur cymdeithasol nes dyfod y dyrnwr mawr a hawliodd griw o bymtheg i ddeunaw o ddynion i'w ganlyn. Gwarantai'r achlysur newydd yma bryd o fwyd arbennig i'r dynion. Bu paratoi pryd o fwyd yn ffordd gwragedd cefn gwlad o groesawu dieithriaid. Meddent ar ddawn neilltuol i baratoi pryd o fwyd heb ond ychydig at law a hynny'n gwbl ddirybudd yn amal. Cyfrifent bryd o fwyd nid yn achlysur ffisiolegol yn unig ond yn ogystal fel rôl arbennig i sefydlu perthynas cydrhwng aelodau o gymdeithas ac yn gyfle beunyddiol i deulu ac i gydweithwyr gwmnïa a chymdeithasu â'i gilydd. Yn ddiddorol iawn y mae'r gair *cwmpeini* yn gyfuniad o ddau air Lladin *com+panis* a olyga cyd a *bara*, fyddo dim rhaid ymestyn llawer ar ddychymyg i gael *cydfwyta* o'r cyfuniad.

Fodd bynnag fu neb tebyg i'r Cymry am eu croeso a'u lletygarwch gyda phryd o fwyd. Mi fyddai gwragedd tyddynnod a ffermydd pen draw Llŷn wastad yn ymorol am rywbeth yn y tŷ rhag i neb alw heb eu disgwyl. Mi dystiai'r teithwyr hynny Thomas Pennant a George Borrow i'r croeso nodedig a gawsant yng Nghymru a hynny heb ei ddisgwyl. Ymgollai George Borrow yn lân wrth gofio a disgrifio'r pryd bwyd a gafodd yn Llanbedrgoch, y bwthyn lle y ganed Goronwy Owen. Tystiai'r teithydd blin na chafodd ac na phrofodd erioed letygarwch mor ddilys. Yn yr un modd, cronicla Thomas Pennant y fath groeso hael a dderbyniodd ar aelwyd Evan Thomas, Cwm Bach – croeso yn null yr hen Frythoniaid. Yr oedd croeso a lletygarwch y Cymry yn hen draddodiad yn arbennig mewn rhannau anghysbell o'r wlad.

Mi fyddai'r gwyliau blynyddol yn achlysur da i wahodd teuluoedd a ffrindiau at ei gilydd i gwmnïa a chymdeithasu gyda phryd o fwyd yn ganolbwynt yr achlysur. Y Nadolig a'r Flwyddyn Newydd fyddai'r prif achlysuron rheini. Mewn rhai mannau o'r wlad wedi gwasanaeth y Plygain byddai'r bobol yn cyfarfod yn nhai ei gilydd i fwynhau cwrw cynnes, cacennau a thamaid o gig oer i ddisgwyl i'r ŵydd rostio. Fe ddethlid y Nadolig yn ddieithriad gyda gŵydd neu gig eidion rhost a phwdin plwm. Byddai'n arferiad yn Sir Aberteifi a rhai o siroedd y de i'r ffermwyr wahodd y medelwyr i ymuno ar y fferm i ginio Dolig; gwahoddent y teuluoedd cyfan a ffurfiai barti o ugain i bump ar hugain. Cynhalient bob math o chwaraeon a difyrrwch i'r plant. Byddai'n arferiad yng ngogledd Cymru hefyd yn nhymor y Nadolig i bartïon *gwneud cyflaith* gyfarfod yn nhai ei gilydd a chaent ginio o ŵydd rhost a phwdin Dolig.

Cyn oes y peiriannau ar y ffermydd, dibynnai pob ffarmwr ar ei gymdogion er mwyn cydweithio â'i gilydd. Dyma gychwyn yr arfer o ffermwyr yn *ffeirio* â'i gilydd, gair o'r ffurf *ffair*, er nad oedd dim bargeinio yn perthyn i'r arfer, dim ond ffermwyr y gymdogaeth yn cydweithio â'i gilydd ar waith a dyletswyddau tymhorol. Yn yr oes ddibeiriant yr oedd tasgau fel cynhaeaf gwair ac ŷd, dyrnu a chneifio yn gorfod bod yn ymdrechion cymunedol. Ar rai achlysuron ceid cymaint â dwsin o ffermydd yn ffeirio ac yn ymuno efo'i gilydd i ffurfio gweithgor i gyflawni rhai o ddyletswyddau'r fferm. Roedd y cynhaeaf gwair yn gofyn am lawer iawn o ddwylo i'w drin a'i drafod, yn enwedig yn oes y pladurio a'r gribin bach. Byddai pob fferm a thyddyn yn gwbl ddibynnol ar yr arfer yma o ffeirio gan y byddai pob rhan o waith y cynaeafau yn dibynnu ar nerth bôn braich. Byddai'r teulu cyfan yn rhan o'r ffeirio – y ffermwyr, y gweision, y merched a'r morwynion; yr oedd lle i bawb a chyfle i bob dawn, gallu a chryfder yn y cynhaeaf. Yn ystod y cynhaeaf gwair byddai'r merched yn paratoi basgeidiau o fwyd a phiseri o de a'u cario i'r cae lle byddai'r dynion yn gweithio. Byddai hyn yn arbed llawer iawn o amser prin y dynion. Yr oedd hefyd yn gyfle i'r llanciau a'r morwynion gadw hwyl a riot yn y gwair! Mewn rhai ardaloedd fe gâi'r dynion jinjibîar a chwrw i dorri eu syched yng ngwres y cynhaeaf, tra y byddai diod o siot yn dderbyniol ac yn fwy poblogaidd yn y gogledd – cymysgfa o fara ceirch wedi'i falu a llaeth enwyn, diod di-guro i dorri syched. Eisteddai'r cyneuafwyr i swper o gig moch baratowyd ar gyfer y cynhaeaf, gyda thatws newydd a llysiau eraill, a chaent bwdin reis i orffen y pryd.

Yr oedd y cynaeafau ceirch a haidd yn achlysuron pwysig iawn erstalwm. Byddai ciangiau o bymtheg i ugain o fedelwyr yn crwydro'r wlad i bladurio gyda merched yn dilyn y pladur i seldremu'r ŷd ac yna eu cynnull yn sgubau. Byddai swper arbennig iawn i'r medelwyr, swper a gysylltid â hen ddefod y *gaseg fedi* a wneid o gydyn o ŷd a adewid heb ei dorri yng nghornel y cae. Byddent wedyn yn plethu'r cydyn yn gelfydd yn fath o fathodyn. Wedi i ffarmwr sicrhau a chael ei gynhaeaf i ddiddosrwydd, byddai'r medelwyr yn galw heibio gan weiddi eu hwre dros y wlad y tu allan i'r tŷ – 'Ple y dylem anfon y gaseg nesaf?' Yna, yn ddi-ymdroi atebai'r ffarmwr – 'Anfonwch hi at . . . ' gan enwi'r ffarmwr y byddai ei gynhaeaf allan heb ei gael. Anfonid y gaseg at y creadur anffodus hwnnw a oedd ar ei hôl hi efo'i gynhaeaf. Yna, byddai'r gaseg yn cael ei gadael am flwyddyn yn y fferm honno am mai dyna'r fferm olaf yn y gymdogaeth i gael y cynhaeaf. Pwrpas y ddefod, mae'n debyg, fyddai symbylu'r ffermwyr i weithio'n galetach i sicrhau cael y cynhaeaf mewn pryd. Mwynhâi'r medelwyr swper o bastai arbennig – *poten benfedi* yn cynnwys tatws wedi'u stwnsio a'u cymysgu â briwgig, bacwn a nionod.

Yr oedd gwledd arall a gysylltid â'r cynhaeaf – gwledd seremonïol oedd hon. Crasent ŷd neu bys a'u bwyta gyda dŵr o'r ffynnon gerllaw ar Sul y Gwreichion a elwid hefyd yn Sul y Pys sef y *Carling Sunday*.[1] Fe geid un wledd arall a gysylltid â'r cynhaeaf mor ddiweddar â mis Tachwedd: mewn rhannau gorllewinol o Gymru y dethlid gyda'r wledd yma. Fe wahoddid gweithwyr y cynhaeaf a'u teuluoedd gan ffarmwr arbennig i ginio cynhaeaf mawreddog. Cysylltid y wledd hon â'r achlysur o ladd anifail at y gaeaf, a oedd yn gyffredin ymhob fferm o faint hyd at 30au'r ugeinfed ganrif. Mi fyddai digonedd o gig ffres i'w gael ar y pryd. Roedd dau bwrpas i'r wledd yma: adnewyddu cyfeillgarwch o fewn y gymuned – y cylch ffeirio, a hefyd i ddangos gwerthfawrogiad o'r cydweithio hapus a fu dros dymor y cynhaeaf. Mi fyddai hefyd yn achlysur i edrych ymlaen i'r flwyddyn newydd gyda chytundeb llafar tawel.

Felly, pan ddaeth y dyrnwr mawr a'i chwyldro a'i chwalu, yr oedd yma drefniant mewn grym i sicrhau criw trwy'r arfer o ffeirio a sawl risêt i'w bwydo. Daeth y dyrnwr mawr yn barhad o'r elfen gymdeithasol a berthynai i'r cynaeafau. Y mae Minwel Tibbot yn ymestyn ei diddordeb tu hwnt i'r dulliau o goginio bwyd mewn gwirionedd i'r cyd-destun cymdeithasol o fwyd ac ymborth. Dynoda fel pynciau i'w hymchwil (1971) ynglŷn â phrydau bwyd brydau a gysylltir ag achlysuron gweithfaol ar y fferm megis dyrnu, codi mawn a chynaeafu.[2] Yr oedd diwrnod cneifio ym mynydd-dir y wlad yn cyfateb i ddiwrnod dyrnu ar lawr gwlad. Fu erioed ddau achlysur hafal i'r rhain am droi ardaloedd, rhai digon anghysbell o gefn gwlad, yn gymdogaeth gyfeillgar glos. Roedd lle amlwg i brydau bwyd yn y ddau achlysur fel ei gilydd. Fu erioed gyfleon tebyg i ddiwrnod dyrnu neu ddiwrnod cneifio i wraig y fferm arddangos ei doniau neilltuol yn y gegin, fel y cyfeiriai rhai o griw y dyrnu: 'dyna iti un dda am datws popty'. Yn yr un modd fe geid sylw fel hyn: 'wannwl dyna iti le sobor am damaid o fwyd'.

Y *cinio dyrnu* a safai goruwch pob pryd arall a dyma'r pryd y cofir amdano o hyd. Fu'r fath baratoi ar gyfer pryd erioed. Dyma achlysur digon pwysig i estyn y llestri gorau un allan, a'r unig achlysur. Dyma set o lestri cinio ddaeth i lawr o genhedlaeth i genhedlaeth. Cymerid y gofal mwyaf i'w golchi fesul un ac un, a'u sychu wrth y tân. Pwy fyddo fyth yn rhoi y rhain mewn peiriant golchi llestri? Yn yr un modd estynnir y cytleri – cyllyll a ffyrc o arian pur, baich o fforc a honno'n wag! Wedi hir gaboli hefo hylif pwrpasol i arian drudfawr, fu'r fath ddisgleirdeb ar fwrdd erioed. Wedi'r cwbl, fe gysylltid bri ac enw da teulu â'r fath bryd â hwn – cinio dyrnu.

Dyma ddyddiad ac achlysur newydd ar galendr gwraig y fferm yn saithdegau'r 19eg ganrif ac er yr holl drafferthion a'r helbulon tu ôl i'r llenni, byddai'r merched hyn wrth eu bodd yn cael cyfle cyhoeddus i ddangos eu doniau cogyddol. Fyddai yna neb ond y teulu i werthfawrogi pob cinio arall. Doedd dim byd yn fwy siomedig na darparu cinio Sul perffaith a'r gŵr a'r plant yn llowcian yn farus a neb yn canmol na'n yngan yr un gair o werthfawrogiad. Yn yr un modd, y teulu yn canmol popeth ynglŷn â'r Dolig gan gynnwys rhaglen deledu hynafol, ond dim gair am y cinio wedi'r holl bryder a thrafferth. Ond fe welai gwraig y fferm fyrddiad o griw dyrnu yn genhadon i sôn, i ddweud ac i ganmol ei chinio. Mi elai'r rhain â'r neges am ei chinio dyrnu i bedwar ban yr ardal. Nid rhyfedd i'r cinio dyrnu fod yn gystadleuaeth anhysbys a neb ond y cystadleuwyr yn ymwybodol ohoni. Ac eto, lle y bu cystadleuaeth o'i thebyg? Dyw'r rhaglen deledu enwog *Masterchef* ddim ynddi hi efo'r gystadleuaeth yma, ac eto doedd neb yn meiddio cyhoeddi enw'r pencogydd. Ac nid dilyn rhyw ryseitiau gan ryw ddieithriaid o Loegr neu'r Eidal a wnâi'r cogyddion hyn ond dilyn rhyw rysait lafar, ddi-ysgrifen a wnaent – 'fel hyn y byddai nain yn gwneud'.

Mawr fyddai canmol y cinio gan y criw dyrnu – does dim gwell i ysgogi rhagoriaeth na chanmoliaeth. Byddai hynny'n chwyddo balchder gwraig y tŷ yn ei gwaith ac yn ei hysgogi, efallai, i holi am safon y ddarpariaeth yn rhai o ffermydd eraill y gylchdaith. Pe deuai'r fath ymholiad, byddai'r hen lawiau yn canmol cinio dyrnu rhai o'r ffermydd eraill i'r entrychion gan beidio ar boen bywyd anghofio ychwanegu '. . . ond ddim cystal â'ch cinio chi chwaith Mrs Jones'. Byddai clywed am ragoriaethau ciniawau cymdogion yn bownd o brocio'n fwy fyth yr ysfa gystadleuol ym mron gwraig y tŷ gan ei hannog i ymdrechu'n fwy fyth ar gyfer y tro nesa. Gwyddai'r hen lawiau hynny'n iawn.

Nid rhyfedd i'r cinio dyrnu ennill lle anrhydeddus iawn ar restr maethau cefn gwlad ers talwm. Doedd y cinio yma ond ychydig yn is na chinio Dolig a chryn dipyn yn uwch na chinio Sul. Wedi i'r dyrnwr symud i ardal arall ar ei gylchdaith mi fyddai'r cinio dyrnu yn dal yn destun siarad ardal a merched y gegin yn casglu pob manylyn am eu cinio ac yn arbennig ansawdd cinio lleoedd eraill. Ar wahân i baratoi'r cinio i'r fath dyrfa, mi fyddai amseriad cinio poeth o dragwyddol bwys, fyddai dim amser i'w golli, pan fyddai'r cinio'n barod byddai raid ei roi ar y bwrdd. Ond weithiau byddai cawod o law wedi drysu rhediad y dyrnu; dro arall byddai rhyw felt wedi torri a rhaid fyddai cael pethau i drefn. Dro arall byddai tatws cyn galeted â cherrig a'r dyrnwr wedi distewi a'r hen gloc saith diwrnod yn taro deuddeg a phob taro yn pigo tymheredd gwraig y tŷ. Nid gorchwyl hawdd fyddai cael y fath ginio yn barod i'r funud am hanner dydd. Doedd fodd yn y byd brysio hen bopty tân-dano a'r tân hwnnw yn cael ei rannu i ferwi sosban. Ond mi lwyddent yn rhyfeddol i gael popeth yn barod a phopeth yn ei le ar ben yr awr. Fu'r fath ollyngdod erioed i'r criw, pob man mor ddistaw a'r criw yn anelu am ddrws y gegin gefn a'r rhychau cul igam-ogam o chwys drwy'r llwch trwchus ar eu talcennau, ond beth ydi'r ots, diwrnod dyrnu ydi hi. Ar eu ffordd i'r tŷ, pawb yn taflu ei gap llychlyd ar y rhes pegiau ar y palis fel pe'n chwarae gêm cylchoedd (rings):

Yn barod ar y byrddau
Roedd cinio hanner dydd
A phawb yn ddigon parod
I fynd o'i rwymau'n rhydd,
A llanciau'r fro yn llwytho'n drwm
Tatws, cig a phwdin plwm.³

Mi ddilynwn ninnau'r criw at y bwrdd a chael golwg ar fwydlenni'r gwahanol rannau o'r wlad.

Fyddai dim modd i ffermydd bach a thyddynnod ddarparu cinio fel y ffermydd mwyaf, a llawer ohonynt â dim ond rhyw ddwy awr o ddyrniad. Mi allasai'r cinio gostio mwy na'r dyrnu! Byddai llawer o'r rhain yn darparu lobsgows o radd uchel, ac mae hi'n anodd iawn curo lobsgows ar ei orau, ac mi fyddai hwn yn dderbyniol iawn gan y criw dyrnu. Yn ôl merched y gegin y mae tri math o lobsgows, 'y lobsgows troednoeth'; doedd yna'r un tamaid o gig yn hwn, dim ond dŵr y llysiau. Yna fe geir lobsgows gyda chig o safon isel – croen y bol, yn ddim ond croeniach llac a di-faeth a chrafion cyntaf y goes las. Fyddai fawr o flas nac o faeth yn hwn er ei ferwi drosodd a throsodd. Ond mi fyddai lobsgows diwrnod dyrnu yn tra rhagori ar y rhain. Fydd dim cytuno pa ddarn o gig a wnâi'r lobsgows gorau yma. Mynn rhai mai ciwbiau trwchus o'r stecen brwysio o'r balfais yw'r cig gorau i'w ferwi, tra y cred eraill mai trwch y goes las at yr asgwrn yw'r cig mwyaf blasus am lobsgows. Ond beth bynnag fyddo'r cig mae'n rhaid cael asgwrn i godi safon lobsgows, asgwrn o ganol coes flaen eidion rhwng y penglin a'r ffêr. Er cael y cynhwysion gorau mae'r gyfrinach yn y berwi – mud ferwi'n araf heb orfod ei lastwreiddio â dŵr gan roi cyfle i'r asgwrn a'r llysiau o datws, moron, rwdan a nionod fwrw eu ffrwyth. Byddai crochenaid mawr ohono ar y tân am oriau yn berwi. Doed y dyrnwr pryd y delo mi fyddai'r cinio lobsgows yn barod a phe bai raid disgwyl deuddydd, gorau oll i'r lobsgows gael ei ferwi ar gefn berwi. Yn ôl y sôn, credai rhai nad oedd yna ginio dyrnu hafal i'r lobsgows gorau yn llygadu'n felyn ar wyneb y crochan. Byddai'r cinio yma yn fwy poblogaidd yn Sir Fôn nag unrhyw ran arall o'r wlad.

Ar gyfer dyrniad dechrau'r flwyddyn mi fyddai sawl lle wedi ymorol am gadw pwdin Dolig ar gyfer yr achlysur hwnnw – pwdin clwt wrth gwrs, digon o gydad i ddeunaw o ddynion bwyteig. Mae'n debyg y byddai'r ŵydd yn rhy gysegredig ar unrhyw achlysur ond ar ddydd Nadolig. Er, os y digwydd i'r dyrniad fod yn agos at y Dolig, fe geid rhannau o'r ŵydd, yn Llŷn, i ginio dyrnu a doedd yna ddim yn gysegredig yn y darnau hynny – dribliws. Arferent flingo pennau'r gwyddau a golchi'r traed a'u crafu'n lân ynghyd â chrombil, calon, iau a chorn gwddw. Gwnaent botes blasus ohonynt gyda llysiau amrywiol. Mae'n debyg y byddai mymryn o flas y Dolig ar y fath botes. Ond doedd dim byd yn debyg i'r plwm pwdin, darn sachaid ohono, fyddai dim taw ar ganmoliaeth y criw dyrnu wedi cael dau Ddolig!

Mae yna stori digon smala am yr ail ddyrniad. Flynyddoedd yn ôl roedd Robert Jones a Catrin, cefnder a chyfnither, yn byw mewn tyddyn o'r enw Cefntreuddyn yn Nhudweiliog, Llŷn. Rhyw ddechrau Ionawr oer galwodd cymydog heibio am sgwrs a gêm ddrafft efo Robat tra roedd Catrin mewn oedfa 'dechrau blwyddyn' efo'r Methodistiaid. Ymgollai'r ddau gymydog mewn sgwrsus difyr ac mae'n amlwg fod y saint wedi ymgolli yn eu gweddïau hefyd. Llithrodd yr oriau heibio a theimlai'r ddau gymydog eu cyllau'n boenus o wag. Cofiodd Robat Jôs neu'n hytrach gwelodd y pwdin yn hongian gerfydd ei glust o ddistyn. Heb yngan gair â'i gymydog rhoed y cydad crychlyd mewn sosbanaid o ddŵr berwedig ar y tân. Fu erioed y fath wledd mor ddi-seremoni. Bwytaodd y ddau nes teimlo'n anghyfforddus o lawn. Rhoes Robat Jones rwdan siapus i lenwi'r cwdyn gwag a'i hongian yn yr union fan ag y bu gynt. Ond, cheidw'r diafol mo'i was yn hir, daeth yn ddiwrnod dyrnu, yr ail yng Nghefntreuddyn. Rhoes Catrin Jones y pwdin i ferwi ddwyawr dda cyn canol dydd. Am y tro cynta erioed fe dorrwyd cymeriad Catrin – dim ond rhyw fymryn o bwdin reis a dim pwdin plwm fel arfer a gafwyd.

Pan ddelai sŵn y dyrnwr i blwyf Tregaian ac i ardal Capal Coch ym Môn, mi fyddai Kitty Richards y Llidiart yn llawn cynnwrf ac yn mynnu fod rhaid cael y llestri gorau at ei gilydd a gorfod golchi pob llestr er na fu unrhyw ddefnydd arnynt er y dyrniad gynt. Mi fyddai cinio dyrnu yn hawlio'r llestri gorau, dyma oedd eu hunig ddiben. Fe gâi'r cytleri yr un driniaeth yn hollol, byddai raid caboli a sgleinio'r cyllyll a'r ffyrcs a phob llwy, mawr a bach. Arfau ar gyfer diwrnod dyrnu yn unig a fyddai y rhain hefyd. Fe roid galwad ar modryb Erddreinog yn unswydd i dafellu'r cig, wedi'r cwbl nid pawb a fedrai sgleisio biff drud ar ddiwrnod dyrnu. Roedd y diwrnod hwn mor wahanol i bob diwrnod arall. Roedd o'n debyg rywfodd i ddiwrnod Dolig erstalwm, ac eto roedd yn gwbl wahanol, wedi'r cwbl *diwrnod dyrnu* oedd hwn. Mi fyddai'r hen bopty mawr wedi cael ecstra o flacledio; mi welech eich llun yn y düwch disglair ac roedd ffyn y grât chwilboeth yn serennu'n loyw lân.

Yna byddai raid rhoi tân dan y popty yn gynnar iawn yn barod ar gyfer y cinio, wedi'r cwbl o gwmpas y cinio y byddai'r holl gonsarn. Fe erys bwydlen y cinio ar gof cenhedlaeth iau o deulu'r Llidiart. 'Wnaiff neb ginio heb bisyn da o gig'; dyna fyddai credo gwraig y fferm, ac felly y byddai Kitty Richards yn paratoi y cinio – asen flaen enfawr o gig eidion yn gorwedd ar dyniad o datws popty. Rhag y bo unrhyw ddryswch nid tatws rhost oedd y rhain, ond tatws mewn dŵr (nid saim) gyda phinsiad o halen a stoc. Nid rhyw datws rhost ffansi mewn saim gwydd ond tatws a fyddai wedi eu mwydo yn saim iachus yr asen. A dyna datws popty a oedd yn deilwng o ginio dyrnu y byddai gwraig y Llidiart yn falch ohonynt. Moron a swêds fyddai'r llysiau gan amlaf – cyfuniad perffaith efo tatws popty.

Erbyn dechrau 50au'r ganrif ddiwethaf yr oedd pwdin reis wedi ennill ar y pwdin plwm, nid am ei fod yn fwy derbyniol, ond am fod y pwdin clwt yn rhy drwm i neb geisio gweithio ar ei ôl. Yr oedd pwdin reis yn hynod dderbyniol yn Sir Fôn, ond nid unrhyw bwdin reis. Pwdin reis mewn padell bridd fawr, pwy feddyliodd erioed am roi pwdin reis mewn tuniau? Roedd yn bwysig iawn i roi'r llefrith gorau ynddo – y dicel nid y blaenion – a rhoi lwmp sylweddol o fenyn ar ei wyneb. Mae'n bwysig ei goginio'n araf fel y byddai wedi casglu a chaledu, mi fyddai llawer yn ei sgleisio'n dafellau soled fel trenglen o wair.

Ar ôl golchi'r holl lestri, mi fyddai'n hen bryd i ddarparu te pnawn tua 4 o'r gloch. Byddai plateidiau o fara menyn ar y byrddau'n barod gyda dewis o gaws neu jam cartra caled, digonedd o sgons cynnes a theisen afalau – blateidiau ohonynt. Fu'r fath fwydo erioed! Rhyfeddai hen ddilynwr dyrnwr yn ardal Capel Coch, paham ar wyneb y ddaear fod isio bwyta ar y fath gyflymder a'r merched wedi mynd i'r fath drafferth i'w baratoi! Y dyn dyrnwr a fyddai fwyaf aflonydd i godi oddi wrth y bwrdd gan gymaint ei awydd i oelio treuliau'r dyrnwr cyn dechrau'r pnawn. Roedd oelio'r dyrnwr yn holl bwysig gan mai treuliau o efydd fyddai ar y dyrnwr cyn dyfod y pelenni-traul (*ball-bearings*) ac os na chaent eu hoelio'n gyson byddent yn poethi'n dân.

Cinio'r gwahanol ardaloedd

Symudwn o ganol Sir Fôn a chael cipolwg ar ginio dyrnu ynghanol Llŷn ar ddiwedd tridegau'r ganrif ddiwethaf ym Myfyr-Mawr, Dinas. Gyda thorri'r Ail Ryfel Byd daeth dogni ar fwydydd o bob math. Beth am y cinio dyrnu yn wyneb cyfraith gwlad a oedd yn dogni ar bawb? Mae'n ddiddorol fel y bu i wraig y fferm fynnu fod y criw dyrnu i gael eu gwala a'u gweddill o fwy na bara. Roedd perthynas dda cydrhwng gwragedd ffermydd Môn a Llŷn a'r bwtsiar lleol a chafwyd digon o gig i gadw i fyny safon y cinio dyrnu yn gywir fel y bu gynt. Mi lwyddodd gwraig Myfyr-Mawr i gael digonedd o bopeth gan sicrhau nad amharwyd ar fwrdd y diwrnod dyrnu. Mi fyddai tatws popty yn ddigon cyffredin yn Llŷn fel ym Môn ar ddiwrnod dyrnu er y byddai rhai yn dewis tatws berwi, moron a swedjen. Gogoniant neu fethiant y cinio yma fyddai'r grefi. Dyma un o gryfderau cogyddes Myfyr-Mawr – 'un dda am 'refi'. Pwdin reis gyda llwyaid o stiw afalau yn ei lygaid fyddai'n dilyn y cinio ym Myfyr-Mawr. Ond gyda'r ail ddyrniad ar ôl y Dolig mi fyddai sleisen helaeth o bwdin Dolig yn gorwedd oddi tan y pwdin reis; fu'r fath felysfwyd ar fwrdd neb erioed! Fyddai dim yn plesio'r criw dyrnu yn well na chael Dolig ym mis Ionawr.

O symud draw i Eifionydd, does fawr o wahaniaeth yn y fwydlen – tatws popty a phisyn da o gig eidion yn cyd-rostio efo'r tatws, y stoc a'r nionod. Yn amlach na pheidio, yr asen flaen fyddai'r cig, ac eithrio pan elai'n gystadleuaeth y ciniawau rhwng ffermydd â'i gilydd, neu rhwng y gwragedd. Cystadleuaeth gwbl anhysbys fyddai hon a neb yn barod i gyfaddef eu bod yn y ras. Cystadleuaeth yr honnai pawb eu bod wedi'i ennill. Ar gyfer y gystadleuaeth anhysbys hon caent bisyn o'r syrlwn gorau yn y gobaith o dra rhagori ar bawb. Ond boed asen flaen neu syrlwn, tatws popty traddodiadol a digon o'r llysiau gorau fyddai'r cinio dyrnu yn ffermydd Eifionydd hefyd.

Mi fyddai merched ffermydd Eifionydd yn ymorchestu lawn gymaint yn y pwdin, rai ohonynt yn fwy na'r cinio. Pwdin brith fyddai'r enw ar hwn neu bwdin ffwrdd-â-hi fel y'i gelwid ym Mhen Llŷn. Beth bynnag am yr enw, pwdin di-rysáit fyddai hwn ddaeth gan nain heb ddim ar bapur. O ble bynnag y daeth y pwdin brith yma roedd yn un da gyda digonedd o siwed, cyrains a resins hen ffasiwn ei lond. Mi fydd platiad ohono dan gawod o fenyn melys tew, a cheid sawl pencampwraig am y saws hwnnw yn Eifionydd. A sôn am siwed, mi fydde roli-poli siwed yn boblogaidd iawn yn Llŷn ar ddiwrnod dyrnu efo llyfiad o jam eirin rhwng y plygiadau, gyda menyn melys teneuach efo hwn. Ond fe gollodd y pwdin brith a'r roli-poli eu lle i bwdin reis, gresyn!

Cyn codi oddi wrth y bwrdd, beth am gael golwg dros y terfyn i Sir Aberteifi. Caiff John Davies o Aberystwyth ein tywys at y bwrdd. Fel ym mhobman arall drwy'r wlad, byddai diwrnod dyrnu yn fwy nag unrhyw achlysur yn creu cynnwrf a chomosiwn yn y gegin, yn Sir Aberteifi hefyd. Caent de a bara a chaws tua deg o'r gloch y bore a dyna ragori ar Sir Fôn a Llŷn ond nid ar Sir Ddinbych. Roedd y baned ddeg i'w chael yno hefyd – allan yn y gadlas cyn dechrau dyrnu, yn ôl Thomas Williams, hen fardd gwlad o Lannefydd:

> A da oedd gweld y forwyn
> Yn dyfod maes o law
> Yn araf tua'r ydlan
> A phiser yn ei llaw,
> Roedd yn falch oddeutu deg
> O gael rhyw lymed dros ei geg.

Yna caent ginio mawr ganol dydd o biff neu oen cartra gyda thatws a grefi a llysiau ddigon. Dilynid y cinio â phwdin reis gyda chyrens ynddo. Caent baned o de i orffen. Am hanner awr wedi tri mae'n amser te – te a bara menyn, jam neu gaws, yna cacennau a tharten afalau. Mewn ambell le byddai jeli a blancmange. Yn ddieithriad byddai swper eto i'r criw dyrnu yn Sir Aberteifi, swper o gig oer a phicls gyda the a bara menyn ddigon. Yn wahanol i Loegr, ni welwyd coffi na chwrw yn rhan o wledd y diwrnod dyrnu yn unman yng Nghymru. Rhaid cydnabod fod darpariaethau cegin ar ddiwrnod dyrnu yn Sir Aberteifi yn rhagori ar ddarpariaethau'r gogledd. Er mi fyddai darpariaeth arbennig yn Nyffryn Nantlle ar gyfer amser te diwrnod dyrnu. Roedd yna fara brith neilltuol iawn yn Talmignedd yn Nantlle; mi fûm yn ddigon ffodus i gael rysêt 'sgrifenedig o'r bara brith diwrnod dyrnu:

Cwpanaid o gyrens
Cwpanaid o sultanas,
Cwpanaid o siwgr demerara
Cwpanaid o ddŵr
2 gwpanaid o flawd codi
2 ŵy
3 owns o fenyn
2 owns o bîl cymysg
4 owns o geirios
pinsiad o halen

Yna, berwi'r cyfan ond y blawd a'r wyau, am bum munud. Wedi iddynt oeri, rhoi'r blawd a'r wyau wedi eu curo i mewn a chymysgu popeth heb fod yn rhy sych. Crasu mewn popty cymedrol – 350° trydan neu 3-4 nwy am awr, yna gostwng y gwres i lawr i 275° am awr arall.

Ond daeth tro ar fyd, yn anorfod debyg, daeth y dyrnwr medi – y combein; y dyrnwr yn derfyn ar bob dyrnwr! Yn ei raib, llyncodd hwn y diwrnod dyrnu a'r *cinio dyrnu* gan adael cefn gwlad yn llawer tlotach ac yn fwy llwglyd. Collodd gwraig y fferm a'r tyddyn gymeradwyaeth dymhorol werthfawr a'i gwnâi hi'n falch ac yn fodlon ar ei choginio pen-a-phastwn blasus. Yn lle'r enw o fod yn 'un dda am datws yn popty', mi gawsom ryw ddieithwraig o'r enw Mary Berry a'i rysáit, 'gair am air', a'i thatws rhost ffansi yn nofio mewn saim gŵydd. Rhyw datws *Maris Piper*, lle roedd y 'tatws glas' chwedl pobl Llŷn, neu *Arran Victor* yn ôl pobl Sir Fôn – yr un un yw'r ddwy! A beth mewn difrif am y pwdin brith – y plwm pwdin di-rysáit? Fe'n dallwyd dan gyfaredd hysbys o bwdin rhyw Heston Blumenthal; chlywodd y creadur hwnnw erioed sôn am bwdin cŵd a chlywodd o erioed sŵn dyrnwr. A beth a ŵyr Nigella Lawson am bwdin reis digon soled i'w sgleisio'n dafelli braf? Pan gollwyd yr hen ddyrnwr mawr daeth rhyw ddiffrwythra cymdeithasol i gefn gwlad. Mae dyn y combein fel pererin unig yn bodloni ar greision tatws yn lle'r tatws popty blasus gan fwyta pwdin reis o dun fel cath. Beth roddwn am glywed chwibaniad yr injian stêm yn galw fod cinio'n barod!

Sgubor ddegwm fechan y plwyf ar dir Ty'n Rhos, Llanfugail
(ger Bodedern)

---

[1] *Byegones*: Rhagfyr 1872, tud. 110
[2] S. Minwel Tibbott: *Domestic Life in Wales*: (2002), tud 1-21
[3] Diwrnod Dyrnu – Thomas Williams, Cae'r Mynydd, Llannefydd: *Fferm a Thyddyn* 8, (1991)

Pennod 6

Iechyd a Diogelwch

Mi fu'r ddeuair *iechyd a diogelwch* yn paru'n glos erioed ac yn ieuo'n gwbl naturiol. Bu dyn erioed yn diogelu ei iechyd ac yn gwarchod rhag afiechyd. Ond bellach fe glymwyd y ddeuair yn gyfraith lem, dyma ddeddf y Mediaid a'r Persiaid i'n dyddiau ni. Rhoes y gyfraith newydd hon derfyn ar hwyl plant bach i gael marchogaeth mulod ar draeth y Rhyl neu chwarae concyrs ar fuarth ysgol gan roi terfyn ar sawl arferiad a hwyl digon diniwed. Does wiw bellach rhoi'r plentyn i sefyll ar y stôl i'w ddysgu i adrodd rhag iddo ddisgyn a brifo, yn wir chaiff neb ohonom ddyrchafu ond ychydig fodfeddi'n uwch na'r llawr heb ganllawiau diogelwch. Bydd ambell un yn ymgynghori ac yn holi ynghylch y ddeddf newydd hon cyn mynd i'r gwely'r nos! Ond fel pob cyfraith a deddf, mae i *Iechyd a Diogelwch* bwrpas a diben er ein lles, ond fod rhannau ohoni yn eithafol a gormesol.

Cyn geni'r gyfraith ar ei newydd wedd yr oedd hwmian undonog yr hen ddyrnwr mawr wedi hen ddistewi yng nghefn gwlad a chlebran ffraeth y criw dyrnu yn y gadlas ac wrth y cinio yn ddim bellach ond atgofion melys y bobl hŷn. Go brin y byddai'r gyfraith newydd hon wedi medru cyd-fyw â'r hen ddiwrnod dyrnu a'i beryglon fyrdd. Bu cyfraith gwlad yn gibddall hollol am ganrif a mwy i beryglon amlwg y peiriant dyrnu a'r holl rialtwch a fyddai i'w ganlyn. Yr unig gyfraith orfodol a fu ynglŷn â diwrnod dyrnu oedd yr orfodaeth honno gan y War-Ag yn ystod y rhyfel i gylchu'r das a'r dyrnwr efo weiren neting fân er mwyn dal a lladd pob llygoden fawr. Mae'n amlwg fod lladd y llygod yn bwysicach na diogelu'r criw dyrnu a rheiny'n slafio yn y llwch a'r baw afiach a thestun damwain ymhob olwyn a'r beltiau diamddiffyn.

O ystyried manylder difri a dibwys deddf iechyd a diogelwch, go brin y byddai'r dyrnwr mawr wedi cael hawl i anadlu wrth das na chowlas. Heb os mi roedd angen cyfraith o fath i ddiogelu'r criw dyrnu, o gofio'r fath berfformiad oedd y diwrnod ei hun. Mae cofio a meddwl am y fath beryglon yn codi arswyd o hyd er nad oes siw na miw o'r hen ddyrnwr mawr bellach. Meddylier am y drwm yn chwyldroi'n orffwyll a'i safn ar agor led y pen yn llathen ar ei hyd ac yn droedfedd a hanner o led a hwnnw'n wastad â llawr pen y dyrnwr. Safai'r ffidiwr mewn dyfn o droedfedd uwchben y drwm a'r torrwr 'sgubau wrth ei ochor heb ganllaw nac amddiffyniad i warchod safn mor angeuol. O gylch y dyrnwr yn gwbl ddi-amddiffyn, yr oedd yr holl bwlïau a'r beltiau yn chwyrnu troi. Roedd yr awyr yn dew a du gan lwch afiach yn codi o lwydni'r ysgubau; dynion fel rhyfelwyr â'u harfau pigog ar ffurf y picffyrch a'r criw yn smocio'n harti bob cyfle a gaent. Pan ddeuai'n nos weithiau wrth ddal ati, ni phetrusent oleuo lanternau'r stabal a'u fflamau'n dawnsio'n aflonydd yn y drafftiau.

Ni ddylai neb fod yn ddibwys ynghylch diogelwch dyn wrth ei waith a diolch am bob cyfraith a fyddai'n ei gadw rhag damwain gorfforol a diogelu ei iechyd. Ac eto mae'n syndod cyn lleied o ddamweiniau a fu gydol oes y dyrnwr mawr. Ar wahân i'r peryglon amlwg ynglŷn ac ynghylch y dyrnwr wrth ei waith, yr oedd symud yr holl beiriannau trymion a thrwsgwl yn waith hynod o beryglus yn ogystal. Mae'n debyg y bu mwy o ddamweiniau wrth symud o fferm i fferm nag wrth eu defnyddio. Roedd symud y dyrnwr a'r injian stêm yn oes y ceffylau yn ddrama ynddi'i hun – fu'r fath strach erioed. Dyma, heb os, un o'r cyfleon gorau a gâi'r certmon i ddangos ei ddawn ac i ddangos ei geffylau. Byddai raid i'r wedd fod ar ei gorau glas yn cael y dyrnwr i ben ambell allt a byddai raid wrth bwyll rhyfeddol gan y ceffylau ôl i ddal y peiriant rhag iddo redeg wysg ei din i lawr ambell allt serth, hyd yn oed yn Sir Fôn. Ar y ffordd o Faenaddfwyn i Lannerchymedd y mae gallt a chryn hir dynnu ynddi. Yn ddiddorol iawn, *Bachau* yw enw'r ardal wrth gychwyn yr allt, enw'r fan y byddent yn bachu gwedd arall i dynnu i fyny'r allt. Roedd symud y fath osgordd drwsgwl a thrwm ar ffyrdd culion a gelltydd serth yn olygfa ryfeddol ac yn gofyn am gertmon profiadol. Roedd rhyw fath o ddefod hen a dealltwriaeth ynglŷn â symud y peiriannau dyrnu. Yr arfer fyddai i fferm fynd â'u ceffylau i mofyn yr injian stêm a'r foelar o'r fferm a'i dilynodd ddiwethaf a cheffylau'r ffarm honno yn danfon y dyrnwr. 'Nôl y stêm a danfon y dyrnwr' fel y dywedid yn Llŷn. Ond roedd hi'n anodd cadw at unrhyw drefn ynglŷn â'r symud gan yr amrywiai hyd y daith ac yn arbennig ansawdd y ffordd rhwng y ffermydd. Byddai dwy wedd hwylus yn abal i symud yr holl shŵt ar ffordd wastad, ond byddai raid wrth bedwar neu chwech o geffylau ar ffordd anwastad a thrwm a byddai raid gollwng y stêm a gwagio'r dŵr o'r foelar. Petai'r ffordd yn llyfn a di-lethr ni byddai raid gwagio'r dŵr gymaint, fyddai'n arbed amser a glo y bore wedyn yn y gadlas nesa.

Pan fyddai galw am fwy o geffylau byddai raid cymysgu a chael ceffylau a fyddai'n ddieithr i'w gilydd a heb arfer cyd-weithio â'i gilydd. Byddai cryn strach a phlycio a thorri tresi os na fyddai'r ceffylau yn gyfarwydd â'i gilydd a llais y certmon yn ddieithr iddynt. Mewn achosion felly byddai ambell i ffarmwr yn ceisio'i orau i arbed ei wedd ei hun a rhoi'r pwysau ar y ceffylau eraill.

Ond daeth dyddiau'r wedd i symud peiriannau dyrnu i ben i ryw raddau gyda Streic y Glowyr yn 1926, pan aeth y glo yn brin ac yn waelach o lawer a bu raid meddwl am ddull arall i droi'r dyrnwr. Daeth y tractor Titan i droi ac i symud y dyrnwr ac o ganlyniad fe gollwyd hwyl a rhamant yr hen injian stêm a fu'n rhan mor bwysig o'r diwrnod dyrnu. Ond bu symud y peiriannau hyn, boed geffylau neu dractor, yn achos sawl damwain.

Bu tro anffodus iawn wrth i Lewis Hughes, Glyn Afon, Rhydwyn fynd â'r dyrnwr a'r injian stêm i Garn, fferm ar lethrau'r mynydd yn Llanfairynghornwy. Fu erioed lwybr mwy caregog a serth at fferm yn unman. Gan fod y ddamwain hon yn mynd yn ôl cyn cof neb o'r trigolion, rhaid bodloni ar stori gyflwynwyd o genhedlaeth i genhedlaeth. O ganlyniad y mae mwy nag un fersiwn o'r stori gan y trigolion, sy'n nodedig am eu gwreiddioldeb a'u dychymyg byw. Casglwn o'r gwahanol fersiynau i Lewis roi rhaff-weiren o'r injian stêm i weindio'r dyrnwr i fyny ond yn anffodus aeth yr injian dros y strocen a oedd yn ei dal. Cytunir yr achubwyd yr injian stêm gan i Thomas Williams, Rhoscryman lwyddo i dynnu'r pin a gysylltai'r ddau beiriant, ond disgynnodd y dyrnwr yn bendramwngl i chwarel islaw. Ond deil rhai mai'r injian aeth dros y dibyn gan achub y dyrnwr. Mae'n amlwg y bu cryn ddamwain ar lethrau Mynydd y Garn y diwrnod hwnnw a greodd stori sy'n dal yn fyw ar ôl dros gan mlynedd, a stori a fydd byw tra gŵyr y bobl beth yw dyrnwr ac injian stêm.

Y mae Dan Ellis o Fynytho yn Llŷn wedi cofnodi am ddamwain debyg gyda mwy o fanyldra gan lygad dystion.[1] Digwyddodd yr anhap yma yn Modwi, fferm ar lethrau Coed-y-Fron, Mynytho. Roedd iard y ffarm yn hynod anwastad i dderbyn dyrnwr mawr ag injian stêm. Mynnai Harri Williams, Pen-Nant a oedd a gofal am y peiriannau, i'r dynion symud yr injian yn hytrach na bachu ceffylau ynddi. Tra roeddynt yn bustachu â'u dwylo ar yr iard lethrog, llithrodd y peiriant o'u gafael a chwympo ar ei hochr gan dorri'r olwyn weili fawr. O ble, a pha bryd y ceid amnewid i honno? Yn ffodus ar y pryd (Rhyfel Byd Cyntaf), yr oedd criw o ddynion yn torri coed yng ngwinllan Coedyfron, a rhoesant fenthyg rhai o'u taclau i helpu i gael yr injian ar ei thraed. Fu'r fath fwstwr a checru mewn iard ffarm erioed ag a fu ym Modwi y diwrnod hwnnw. Bachwyd ceffylau Bodwi wrth yr injian ond ofer pob cynnig. Yna cafwyd ceffylau eraill y gymdogaeth, y Nant, Rhandir a Choedyfron i'r ymdrech. Ond er y gweiddi, plyciadau gwyllt anhrefnus gan falu'r tresi, gorweddai'r injian stêm yn llonydd farw ar yr iard. Un o griw y torwyr coed oedd Robert Owen a wyliai'r ddrama gynhyrfus. Dyn bach eiddil o gorff a hynod o dawel oedd Robert Owen. Er hyn fe gynigiodd helpu i godi'r injian. Yr oedd yn gofalu am dri cheffyl a lusgai'r coed. Derbyniwyd ei gynnig gyda chryn amheuaeth a daeth Robert Owen ag un o'r ceffylau i'r iard, 'Gwdyn', ceffyl anferth o faint. Bachwyd y ceffyl glas, trefnwyd y taclau yn ofalus a heb waedd na gweiddi a heb anaf i neb, fe godwyd yr injian stêm.

Dyma, eto fyth, anffawd arall wrth symud dyrnwr, y tro hwn i lawr gallt Tabor ym Mhentrefelin ger Criciceth. Yr oedd caseg fawr enwog o'r enw Queen yn llorpiau'r dyrnwr, caseg a oedd wedi ennill enw arbennig iddi'i hun yn y bôn. Yr oedd o'r pwys mwyaf cael anifail profiadol yn llorpiau'r dyrnwr, nid yn unig i dynnu ond yn bwysicach fyth i ddal lawr gelltydd serth. Tra'n dod i lawr gallt y Tabor, yn gwbl ddirybudd, fe dorrodd y gadwyn oedd yn dal y glocsen. Fe ddefnyddid y glocsen ar elltydd serth er mwyn cloi un olwyn a'i llusgo yn hytrach na phowlio ac felly ddal y dyrnwr rhag iddo redeg. Pan dorrodd y gadwyn yr oedd y pedair olwyn yn rhydd gan osod holl bwysau'r dyrnwr ar Queen yn y llorpiau. Yr oedd Griffith Williams ar lewygu wrth feddwl yr hyrddid y dyrnwr i lawr yr allt serth a gwasgu Queen yn seitan yn y gwaelod. Ond synhwyrodd Queen ar amrantiad beth ddigwyddodd, rhoes ei holl bwysau ar y dindres gyda holl nerth ei phedair troed a'i phedair coes, llanwodd y dindres â'i thin fawr lydan cyn i'r dyrnwr gael y siawns leiaf i ennill yr un fer arni. Mae'n amlwg fod yna ryw ddeallusrwydd cyfrin gan geffyl sy'n braffach na dyn!

Bu cryn helbul hefyd yn ardal Llanbadrig yng Nghemaes, Môn, wrth symud y dyrnwr o'r Tŷ Du i Gae Adda, taith lled tri cae. Yr oedd ffordd fferm at Gae Adda ond fe ddewisodd y certmon groesi'r cae gan anelu at y das. Yr oedd y cae yn wlyb a'r dyrnwr mor drwm a chaseg Tŷ Du yn rhy ddiog, eisteddodd ar y dindres yn lle tynnu ac yno y buont! Yr oedd Hugh Hughes, Cae Adda yn gandryll ac yntau wedi prynu trenglen o gig eidion da yn barod at ginio dyrnu drannoeth. Roedd cymeriad a balchder certmon Tŷ Du yn y fantol ond roedd y pisyn cig yn pwyso'n drymach ar dyddynnwr Cae Adda. Gorchmynnodd i'r certmon a'i gaseg fynd adra a galw ar gertmon y Neuadd i ddod i symud y dyrnwr yn ddi-oed. Cafodd John Williams, certmon y Neuadd ganiatâd ei feistres Mrs Williams i roi help i symud y dyrnwr. Cyfrifid John Williams (Y Gromlech) yn un o gertmyn gorau'r sir. Rhoes orchymyn i dynnu caseg Tŷ Du o'r llorpiau a rhoes gaseg y Neuadd yn ei lle gyda'r wedd ar y blaen. Gydag un gair, symudwyd y dyrnwr yn gwbl ddi-stŵr at y das gyda gobaith nad âi'r biff yn ofer! Roedd dyn y dyrnwr mor falch nes gofyn i Hugh Hughes roi pisyn deuswllt i John Williams am gymwynas mor werthfawr. 'Mi ro'i hanner coron iddo,' meddai'r tyddynnwr bodlon.

Bu achos arall digon tebyg pan benderfynodd John Roberts, Castell a Robat Jôs, Castell Mawr yn ardal Penprys, Mynydd Nefyn, alw am ddyrnwr y Felin Newydd, Nanhoron am y rheswm fod yno dracsion stêm, a dyna arbed y drafferth o symud y dyrnwr efo ceffylau. Aiff y digwyddiad yma â ni yn ôl i ddyddiau'r Rhyfel Byd Cyntaf a'r tracsion yn beiriant newydd sbon. Ymorchestai'r ddau gymydog o'r ddau Gastell am y deuai peiriant mor chwyldroadol newydd am y tro cyntaf i'r ardal ac i'w ffermydd nhw. Roedd hwn yn ddigwyddiad hanesyddol; ni fyddai gofyn help yr un certmon i gael y dyrnwr a'r injian i gadlas y Castell. Roedd synnu a rhyfeddu gan bawb yn yr ardal wrth weld peiriant yn tynnu'r dyrnwr heb geffylau. Llawenhâi'r ddau gymydog wrth weld y fath wyrth o flaen eu llygaid. Symudai'r tracsion yn drwsgl ac araf i bant y Penprys i dorri ar lonyddwch gorffenedig y lle gyda'i chwythiadau dieithr ysbeidiol fel morfil. Roedd ffordd drol yn arwain i'r Castell o'r ffordd fawr, ond yn lle dilyn honno fe droes y gyrrwr i'r corstir gan anelu'i beiriant am winllan Bryn Pys, ond yn sydyn a di-rybudd daeth yr orymdaith i ben ar y gors – a bu tawelwch mawr rhwng y brwyn a'r eithin mân. Cyhoeddodd y gyrrwr ar ucha'i lais fel crïwr tref i'r byd a'r betws ei glywed: 'Fedra'i fynd dim pellach, chwiliwch am geffylau ac ewch â fo y'ch hunain i'r diawl,' ac ymaith ag ef am y lôn.

Fore trannoeth daeth llond y gors o geffylau'r ardal ynghyd â'r certmyn bach yn barod i godi cywilydd ar y peiriant newydd yn meiddio dwyn eu gwaith. Tra'r oeddynt yn tinbrennu i fachu'r ceffylau i ddwyn y dyrnwr i ben ei daith, daeth dyn y tracsion yn wyllt gynddeiriog o weld yr holl geffylau yn eu lifrai gloywon. Galwodd eto fel o'r blaen ar ucha'i lais: 'be ydach chwi'n ei wneud y diawliaid gwirion, ewch â'ch mulod o 'ma, o 'ngolwg i'. Bachodd y tracsion yn y dyrnwr ac i ffwrdd â fo am y gadlas yn hollol ddidrafferth. Holai bawb yn betrus beth oedd ystyr pranc mor ddi-ystyr, oni bai ei fod am rwbio'r halen i friw tendar y certmon. Beth bynnag am hynny, fe gytunodd y ddau gymydog na ddeuai yr un peiriant o'r Felin Newydd fyth eto i'r ddau Gastell.

Ond heb os, bu'r tracsion a'r tractor yn gaffaeliad mawr i'r diwrnod dyrnu. Roedd yr injian stêm yn hen gnawes drafferthus ryfeddol. Byddai raid ei thanio'n gynnar yn y bore a rhaid fyddai cynnal a chadw'r tân yn gyson a byddai raid cael llanc i gario dŵr iddi gydol y dydd. Roedd ei symud o le i le yn orchwyl helbulus a pheryglus a bu'n achos sawl damwain ac yn achos tanau difaol o bryd i'w gilydd. Siarsiwyd Lewis Thomas, Cae'r Ferch ym mhlwyf Llangybi, gan un o reolwyr y cwmni a werthodd yr injian stêm iddo, nad oeddynt i losgi coed yn yr injian gan mai'r unig danwydd pwrpasol ydoedd glo, gan y byddai tân coed yn siŵr o godi gwreichion. Pan ddaeth y dyrnwr i ardal Abererch yn Eifionydd, daeth galwad gan berson y plwyf i ddyrnu yno. Roedd y person wedi darparu cyflenwad o goed – logiau trwchus ar gyfer yr injian stêm, gan y byddent lawer yn rhatach na glo. Fedrai John Thomas y dyn dyrnwr ddim magu digon o blwc i ddweud wrth y person nad oedd wiw llosgi coed yn yr injian. Mae lle i gredu fod yr offeiriad yn gymeriad a fynnai ei ffordd ei hun ac yn anffodus fe'i cafodd y diwrnod hwnnw – i wahanu'r peiswyn oddi wrth y gwenith! Ond fe gostiodd yn ddrud i John Thomas dderbyn amodau'r person pren. Taniwyd y foelar a chodwyd stêm i droi'r dyrnwr. Toc, fe gododd awel a honno'n cryfhau yn raddol. Yn ddiarwybod i bawb, cipiwyd gwreichionen o gorn uchel yr injian i'r das ŷd. Aeth y das ŷd yn wenfflam ar amrantiad; fu'r fath goelcerth erioed ar dir yr Eglwys. Ymledodd y tân i focs y dyrnwr a dechreuodd hwnnw losgi'n ffyrnig. Aeth yn banig gwyllt a phawb yn gwau drwy'i gilydd yn hollol ffwndrus. Llamodd John Thomas i ben y das i geisio diffodd y fflamau ond gorfu iddo ddianc rhag llid y fath dân. Ysodd y fflamau ei locsyn naw modfedd yr ymhyfrydai gymaint ynddo, fe'i heilliwyd yn wastad â chroen ei wyneb. Yn ffodus, ni chafodd neb anaf ar wahân i golli'r locsyn a'r dyrnwr a fu'n gryn golled i Lewis Thomas, y perchennog, gan nad oedd y peiriant wedi ei yswirio. Ond er y golled, prynodd Lewis Thomas ddyrnwr newydd yn syth, prawf fod y busnes dyrnu'n talu'n dda. Casglodd y darnau heyrn, fframwaith y dyrnwr, a thalodd i'r gof lleol am wneud giatiau ohonynt fel na chollwyd y cwbl.[2]

Gwreichionen fu achos tân mawr ar ddiwrnod dyrnu yn Nhaihirion, Rhoscefnhir ym Môn hefyd. Gan fod Taihirion yn fferm o gryn faint, roedd yno ddyrniad y gwanwyn i gael ŷd i'w hau. Byddai dyrnu'r gwanwyn yn waith afiach ryfeddol gyda'r llwch a'r llwydni wedi casglu dros y gaeaf. Erbyn canol mis Mawrth fel arfer mi fyddai'r ddaear wedi sychu'n dda o gymharu â thamprwydd y gaeaf, gyda gwelltiach y gadlas yn ddigon sych i gychwyn tân. Yn ffodus yn yr achos yma ceir adroddiad papur newydd eitha manwl o'r ddamwain. Ar Fawrth 11eg, 1891 dyma fel y cofnodai'r *Genedl Gymreig* dan y pennawd: 'Ydlan ar dân ym Môn.' 'Prynhawn dydd Iau diwethaf aeth ydlan Mr David Davies, Taihirion, Rhoscefnhir ar dân. Achoswyd y trychineb drwy i wreichionen o'r peiriant dyrnu – pa un oedd yn gweithio yno ar y pryd – ddisgyn ar rhyw welltiach ac eithin oedd gerllaw. Aeth yr holl ydlan yn goelcerth cyn pen ychydig funudau, gan losgi yr holl deisi gwair a gwellt ynghyd â dwy drol, y dyrnwr mawr a dillad uchaf y dynion a weithient yno ar y pryd. Daeth y tân ddiffoddwyr yno o Beaumaris ond ni allent wneud dim i atal y fflamau. Mae colled Mr Davies uwchlaw 500p. Yn ffodus iawn, cariai'r gwynt oddi wrth y tŷ a'r adeiladau, ac felly fe'i hachubwyd hwynt.'

Y llygedyn gobeithiol mewn trychineb mor enbyd fyddai'r frawddeg olaf yn yr adroddiad – na chollodd neb ei fywyd ac yr achubwyd y cartref ac adeiladau'r fferm. Ond ar ôl dweud hynny bu'r tân yn golled andwyol i'r ffermwr ar ddechrau gwanwyn heb ŷd hadyd. Mae'n debyg y byddai'r porthiant yn weddol fychan erbyn canol mis Mawrth a'r gwartheg yn barod i fynd ar y borfa. Ond sut bynnag yr asesir y golled o 500 punt ar ddiwedd y bedwaredd ganrif ar bymtheg, mi fyddai'n anferth erbyn heddiw, digon i griplo unrhyw ffarmwr. Does ond gobeithio fod gan y perchennog yswiriant i'w gysgodi rhag y fath golled.

Ond bu damweiniau a cholledion llawer gwaeth na cholli a difa eiddo ar ddiwrnod dyrnu. Fe laddwyd ac fe anafwyd sawl un gan y dyrnwr, ac o gofio fod yr holl beirianwaith dyrnu mor beryglus 'dyw hynny ddim yn syndod. Cyfeiriwyd eisoes at yr holl beryglon a fyddai ynghylch y dyrnwr ac mor enbyd fyddent i'r criw dyrnu yn arbennig felly ar ben y dyrnwr yn sŵn a thynfa enbyd y drwm diamddiffyn. Fe gofnoda'r *Goleuad*, papur wythnosol y Methodistiaid, ar Ragfyr 31ain, 1870 i lanc ifanc o'r enw John Beese o Gaersws lithro ar wellt rhydd ar ben y dyrnwr, tynnwyd ei droed i geg y dyrnwr gan dynfa ddidostur y drwm. Bu farw'r llanc o'i anafiadau ymhen deuddydd. Fel arfer byddai dau neu dri yn gweithio ochr yn ochr mewn lle digon cyfyng – y ffidiwr, un arall yn taenu'r ysgub yn barod iddo ac un arall yn datod tennyn yr ysgub. Yn naturiol doedd wiw i neb symud o'i libart gyfyng a chan mai llafnau ifanc gan amlaf fyddai'n trin y sgubau, nid syndod iddynt fod dipyn yn aflonydd yn herio'i gilydd. Rwy'n cofio gweld ci yn ymlid llygoden fawr o ben y das i ben y dyrnwr – diflannodd y llygoden i grombil y dyrnwr a chollodd y ci druan ei bedair coes.

Colli hanner ei gynffon wnaeth ci arall yn ardal Glan Soch yn Llŷn. Roedd y creadur anffodus wedi gor-gynhyrfu wrth i'r peiriant mawr glosio at yr adwy a cheisiodd redeg trwodd o flaen yr olwyn. Ond och! Methodd. Aeth yr olwyn dros ei gynffon ac, wedi ei ddal a'i dawelu, bu raid torri hanner ei gynffon ymaith â chyllell boced. Cyfansoddodd rhyw wag bennill i goffáu'r drychineb:

Pwy a fu mor greulon
A thorri cynffon Tos,
Efo erfyn miniog
A thwll ei dîn mor glos.

Fe gofnodir yn y *Faner ac Amserau Cymru* ar Hydref 1861 ddamwain pan aeth troed dyn tlawd i ddrwm y dyrnwr yng Nghaersws. Bu raid i'r doctor lleol, Dr Davies o Dreffynnon, dorri ei goes ymaith gan nad oedd modd cyfannu'r darnio a fu arni. Tybed beth fu hanes y tlotyn di-enw hwnnw. Byddai'r tlodion yn arfer dilyn y dyrnwr ac yn barod i wneud y math o ddyletswyddau fyddai neb o'r criw yn barod i'w cyflawni. Ond byddai'r tlotyn yn ddigon balch o unrhyw waith am brydau da o fwyd a swlltyn neu ddau.

Cerddai Pierce Owen o'i gartref, yr Hafod, Gwalchmai fel dyn dyrnwr ar draws gwlad at y dyrnwr yn gynnar iawn bob bora. Yr oedd o dragwyddol bwys y byddai'r injian wedi'i thanio ac wedi codi stêm cyn i neb ddod i olwg y gadlas. Byddai Pierce Owen wedi oelio pob traul a fyddai yn y dyrnwr – wyddai neb ond dyn y dyrnwr ble'r oedd y rhelyw o'r treuliau hynny. Roedd y pot oel cyn bwysiced â'i gap i'r dyn dyrnwr gan y byddai raid oelio'n barhaus mewn oes cyn bod pelenni traul (*ball bearings*). Clywais i Pierce gael y dyrnwr yn barod yn y Garreglefn cyn i neb gyrraedd. Roedd wedi cerdded o Walchmai i gyrraedd y Garreglefn tua phump o'r gloch y bore! Ond ar y diwrnod arbennig hwnnw wrth blygu oddi tan y belt mawr, fel y gwnâi yn barhaus, bachodd pen powlten o'r belt yng ngwar ei gôt a'i lusgo mewn amrantiad a'i ollwng yn ddiymadferth i'r llawr. Bu'r fath ysgydfa yn achos ei farwolaeth yntau cyn cyrraedd ei ddeugain oed.

Ond diolch fyth fe fu ambell i anhap digon diniwed a doniol ynglŷn â diwrnod dyrnu. Roedd cyfnod yr Ail Ryfel Byd yn amser digon helbulus i'r dyn dyrnwr yn arbennig gan y byddai raid cuddio pob golau; dyma oes y *blac owt*. Roedd Edward Morris y Dyffryn yn symud y dyrnwr tua hanner nos i fferm o'r enw Ty'n Bwlch a oedd led cae o'r ffordd fawr. Aeth y dyrnwr yn sownd ar y ffordd las arweiniai at y fferm. Fu'r fath strach erioed a'r dyrnwr wedi sincio i'r ddaear wleb. Yr oedd Edward Morris wedi colli arno'i hun yn lân. Torrodd sŵn trymaidd eroplen uwchben ac adnabu pawb mai awyren y gelyn oedd hon, y 'Germans' ar eu ffordd i ddinas Lerpwl. Gwaeddai pawb trwy'i gilydd mewn panig – 'diffoddwch y lanternau neu fe'n gwelir!' Yr oedd Edward Morris, y dyn dyrnwr, wedi anobeithio'n llwyr, a gwaeddodd yn uwch na neb: 'peidiwch â diffodd y golau, gadewch iddynt fomio'r blydi lle yma!'

Yn yr un ardal y bu i hen wraig Esgair Gynolwyn dorri'r bowlen bwdin reis ar fore'r diwrnod dyrnu; mi fyddai'n gryn brofedigaeth i'w thorri ar unrhyw ddiwrnod, ond ar fore diwrnod dyrnu – beth fyth a wneir? Ond daeth ymwared; cofiodd y wraig yn ei thrallod iddi brynu pot piso newydd glân yn ddiweddar a diolch byth fu yr un diferyn ynddo. Gwnaeth botiad o bwdin reis ac roedd ganddi enw am ei phwdin reis, ei groen melynfrown a'r hufen tew yn nodd drwyddo. Ond er i'r wraig druan fynd ar ei llw droeon gerbron y criw dyrnu llwglyd na fu yr un diferyn o ddim yn y pot erioed, ond pwdin reis, phrofodd neb yr un tamaid ohono o'r fowlen newydd.

Mi fyddai ambell i dro trwstan ar ddiwrnod dyrnu yn troi'n destun dychanu gan ambell fardd gwlad. Yr oedd ac y mae ardal Llanddona ym Môn yn nodedig am ei rhigymwyr ffraeth, a diolch i Alun y Bwlch a Hugh Tyddyn Isa am gofio a thrysori llawer o hen benillion difyr. Bu tas wellt Bodfeddan yn destun rhigwm i John Tyn Llwyn. Fe drodd y das wellt yn llanast hyd y gadlas a thebyg y byddai'r stori wedi aros yn ei milltir sgwâr oni bai am gân yr hen Dyn Llwyn. Cyfrifai John fod trasiedi o'r fath ar ddiwrnod dyrnu i'w chymharu â hen drasediau môr o gylch yr Ynys. Wedi'r cwbl nid rhyw chwarae plant ydi tas wellt yn troi:

Canwyd llawer i'r Titanig
Aeth i lawr ym mrig y don,
Canwyd mwy i'r Royal Charter
Suddwyd wrth ein hymyl bron.

Mi wyddai trigolion Llanddona cystal â neb am suddo'r 'Royal Charter' wrth eu hymyl. Ond i'r bardd, bu dymchwel y das wellt ym Modfeddan yn gymaint trychineb:

Ond beth am drychineb erchyll
Fu'n Bodfeddan ar das wellt.
Benja Williams gwron heini
Taeswr gorau Ynys Môn,
Ac O.R. o blwyf Llaniestyn
Yntau'n deilwng am y sôn.

Ond er canu clodydd y ddau daeswr, er rhyfeddod i bawb, fe droes y das wellt. Cofier nid rhyw lafnau didoriad a fu yma yn taesu, ond dau daeswr gorau Ynys Môn, a phe bai gofyn mi fyddai'r ddau yn rhagori ar daeswyr y tu allan i Fôn. Daw difrifoldeb y sefyllfa i'r amlwg yn y pennill olaf:

Claddu'r drol a chladdu'r dyrnwr
A'r gwas bach a gariai'r us,
A bytheiria'r enjin dreifar
Fynd â'r taeswyr oll i'r llys.

Dewch draw i ogledd Môn i gau y bennod. Fferm yn Rhosgoch, Sir Fôn yw'r Ffôr, a bu yno hefyd anffawd ar ddiwrnod dyrnu. Yr un hen stori; y das wellt yn troi. William Williams o Rosybol oedd y bardd gwlad a gofnododd gyda manylder helynt y diwrnod anffodus hwnnw yn y Ffôr:

Dyrnu yn y Ffôr

Un trwm yw Richard Owen
Ac ystalwynwr gwych
A champus iawn fel arddwr
Am ganol cefn a rhych;
Ond canlyn peiriant dyrnu
Y mae ar hyn o bryd
Ac nid oes hafal hwnnw
Am golio haidd ac ŷd.

Ei fantell sydd yn newydd
A lliwgar fel y wawr,
A'r sein sydd ar ei hochor
Yw 'Mr Jones Bryn Mawr';
Ond 'Dyrnwr Richard Owen'
O hyd y gelwir o
Ac felly pery bellach
Ar lafar plant y fro.

Sam Roberts gyda'i dractor
Yw'r chap mewn glaw a gwynt
Sydd wrthi yn ei symud
Drwy'r ardal ar ei hynt;
A gwelais ef ryw fore
Mewn adwy gyfyng gas
Ond drwodd aeth fel fferat
At erchwyn gwely'r das.

Ac wedi dechrau dyrnu
Yn drwm mewn llwch ac us,
Roedd bois y gwellt bron mygu
Tan bwysau gwaith a chwys;
Ond dyma'r nen yn duo
A'r glaw a ddaeth ar chwap
Ond daliodd hyd noswylio
Heb golli tro y strap.

Roedd Dic a Sam mor wlybion
Â gwymon glan y môr
A phawb 'run fath yn union
Mewn lle mor sych â'r Ffôr;
Ond gwaeth na gwlychu trwodd
Oedd gweled pawb yn ffoi
A thas o waith y Garnedd
Yng ngardd y Ffôr yn troi.

---

[1] Dan Ellis: *Rhodio Lle Gynt y Rhedwn*: Tŷ ar y Graig, (1974), tud. 46-47.
[2] G. Gerald Davies: Yr Injian Ddyrnu: *Lleufer X* (1954), tud. 75-77.

Pennod 7

Cylchdaith y Dyrnwr

Mae'r dull o deithio wedi newid yn fawr iawn dros y blynyddoedd, a newidiwyd cymeriad ein ffyrdd gan ofynion trafnidiaeth gyfoes. Fe naddwyd y corneli, lledwyd y pontydd cul diddorol a diflannodd sawl coeden. Collwyd y pleser o deithio ar ffyrdd bach igam-ogam a oedd yn gorfodi'r traffig i ymbwyllo ac arafu. Daeth yr awch am *gyrraedd* yn gynt ac yn gynt ac o ganlyniad fe gollodd teithio ei ystyr, a bellach unig ddiben y daith yw cyrraedd.

Y porthmyn a'r pregethwyr fyddai'r pencampwyr ymhlith cerddwyr Cymru ers talwm. Cerddai'r porthmyn eu gyrroedd a'u preiddiau ar draws gwlad i ffeiriau enwog Canolbarth Lloegr a Llundain. Dychwelent, nid yn unig gydag arian i'r ffermwyr a'r tyddynwyr ond gyda storïau diddorol yn llawn rhyfeddod o'r hyn a welsent ac a glywsent. Rwy'n cofio testun traethawd yn yr ysgol ers talwm – 'Beth welsoch ar y ffordd i'r ysgol' – nyth aderyn, bronwen, cudyll coch yn llarpio cyw cwningen a chwningen yn crogi mewn croglath a llawer mwy!

Yn yr un modd y cerddai ac y crwydrai'r pregethwr ymneilltuol – cerdded y wlad ben bwygilydd ar wahân i ambell un fel John Jones, Talsarn a gafodd wraig gefnog a roes geffyl yn anrheg iddo. Byddai raid i berson y plwyf aros tu fewn i ffiniau'r plwyf. Daeth *taith* a *theithio* yn dermau pwysig i'r pregethwr, cafwyd termau fel 'taith y Sul', 'taith bregethu', crwydrent ar 'deithiau pregethu'. Bu i enwad y Wesleaid alw gofalaeth y gweinidog yn '*gylchdaith*'. Yn ei hunangofiant difyr y mae'r Parch. Tegla Davies, gweinidog efo'r Wesleaid, yn sôn am ddyddiau ysgol, capel a choleg cyn 'dechrau teithio' a chael 'cylchdaith'. Yn nhermau taith a chylchdaith y gwelai'r Wesleaid eu gweinidogaeth.

Erbyn chwarter olaf y 19eg ganrif gwelwyd cylchdeithiwr arall ar ffyrdd igam-ogam cefn gwlad Cymru – y Dyrnwr Mawr. Yr oedd i'r dyrnwr mawr gymeriad arbennig, fe'i personolwyd nes siarad am ei gylchdaith fel pe bai'n weinidog Wesla!

Yr oedd gan bob dyrnwr ei gylchdaith arbennig ei hun a phur anamal y byddai neb yn tynnu allan ohoni. Roedd yna ryw deyrngarwch rhyfeddol gan y ffermwyr tuag at ddyrnwr arbennig ac at yr arfer o ffeirio â'i gilydd i ddyrnu. Doedd wiw torri ar rediad y gylchdaith yma. Hyd ag y gallai, byddai'r dyn dyrnwr yn cadw at yr un drefn o gymryd y ffermydd o'u cwr.

Er holl brysurdebau'r diwrnod dyrnu a'r cyfrifoldebau ar sgwyddau'r dyn dyrnu, eto mi fynnai amser i gadw cofnodion gofalus o enw'r lle, yr oriau a dreuliwyd yn dyrnu a'r gost. Y mae'r llyfrau cow..nt hynny bellach yn ddogfennau prin a hynod o werthfawr. Fel pob gwerinwr o Gymro mi fyddai'r dyn dyrnu yn amharod iawn i neb weld ei sgrifen gyda'r esgus *'fedra i ddim sbelio'* – hen fwgan ers dyddiau ysgol! Rwyf wedi dewis ambell lyfr cowt dyrnu sy'n batrwm ac yn werth eu gweld. Maent yn hynod o werthfawr pe bai ond am enwau'r ffermydd a'r tyddynnod yn Eifionydd, Llŷn a Môn.

Fe gofnoda John Lloyd Jones, gŵr hynod o ddiwylliedig o Rosfawr, yn Eifionydd, gylchdaith ddyrnu gyda dyrnwr Hendra Bach ger Pwllheli. Bu'n canlyn y dyrnwr am flynyddoedd rhwng y ddau ryfel. Ar y dechrau, yr injian stêm oedd yn gyrru'r dyrnwr a cheffylau'n ei symud o ffarm i ffarm. Yna, cofiai John Lloyd ddyfodiad y Titan a redai ar baraffîn ac erbyn dechrau'r Ail Ryfel gwelodd y tractor Fordson yn hwyluso llawer ar y gwaith o ddyrnu. Yn ddiddorol iawn fe gofnoda gost dyrnu ar ddechrau'r 1930au:

Gosod y dyrnwr a dyrnu hyd at bedair awr - £1-10s-0.
Yna chwe swllt (6s) am bob awr dros hynny.

Byddai taith y dyrnwr yn dechrau y tu allan i Bwllheli yna ymlaen am Llannor, Pentreuchaf, Bodfuan, Llithfaen, Llwyndyrys a gorffen yn Rhosfawr. Byddai'n ddiwedd Rhagfyr cyn i'r rhai olaf yn y gylchdaith gael ŷd wedi'i ddyrnu ar gyfer eu hanifeiliaid. Mae'n ymddangos y cafwyd tymor ffafriol iawn yn 1930 gan iddynt ddechrau dyrnu ar Fedi'r 9fed.

Dyma Gylchdaith Dyrnwr Hendra Bach, Rhosfawr 1930/31:

1930

Amser	Lle	Cost	Oriau
Medi 9fed	Derlwyn	£1-15s	5
Medi 10fed	Llwynhudol	£1-10s	2½
Medi 11eg	G. J. Williams	£1-10s	4
Medi 15fed	Cornelius Roberts	£1-10s	2
Medi 15fed	Garn	£1-12	4
Medi 17eg	Felin Bach	£2-5s	6½
Medi 18fed	Caea Brychion	£1-12s	4½
Medi 23ain	Tai Cochion	£1-10s	3
Medi 26ain	Henllys	£2-5s	6½
Medi 29ain	Gelli	£1-10s	3
Medi 30ain	Cae Corn	£1-12s	4½
Hydref 1af	Penbryn Llanor	£1-10s	2½
Hydref 2il	Brynhynog	£3-0s	9
Hydref 3ydd	Glanrafon	£1-10s	4
	Gwernllyn	£1-10s	4
Hydref 4ydd	Tyn Coed	£1-10s	3½
Hydref 6ed	Llannerch Uchaf	£1-10s	3½
	Llannerch Isaf	£1-10s	4½
Hydref 7fed	Penbryn Tŷ Du	£2-11	7½
Hydref 8fed	Rhosydd	£2-2s	6
Hydref 9fed	Tŷ Du Isaf	£2-2s	6
Hydref 10fed	Tyddyn Ffili	£1-10s	2½
	Penrhos	£1-10s	3
Hydref 11eg	Hendra Penprys	£1-13s	4½
Hydref 13eg	Tu Hwnt i'r Gors	£1-13s	4½
	Rhosfoel	£1-18s	2
Hydref 14eg	Tir Gwyn	£1-10s	3
Hydref 16eg	Plas Tudur	£2-2s	6
Hydref 17eg	Frochas	£2-2s	6
Hydref 18fed	Castell Bach	£1-10s	3½
Hydref 21ain	Cerniog Isaf	£1-14s	3
Hydref 22ain	Tyddyn Gwer	£1-10s	3
	Glynllifon	£1-10s	3

Hydref 23ain	Glanrafon Bodfean	£1-19s	6½
Hydref 24ain	Castell Mawr	£1-10s	3
	Castell	£1-10s	3
Hydref 25ain	Pant yr hwch	£1-10s	3
Hydref 27ain	Tŷ Rhos	£1-19s	6½
Hydref 28ain	Bryn	£1-13s	4½
Hydref 29ain	Gwiniasa	£1-16s	6
Hydref 30ain	Bryn Celyn	£1-10s	3
Hydref 31ain	Carnguwch Bach	-	-
Tachwedd 4ydd	Blaenau JB	£1-10s	3
	Blaenau	£1-10s	3
Tachwedd 5ed	Llithfaen Bach	£1-15s	3
Tachwedd 6ed	Cilin	£1-10s	3
	Ysgubor Plas	£2-5s	6½
Tachwedd 7fed	Plas yng Ngharnguwch	£2-2s	6
Tachwedd 8fed	Tyddyn Cestyll	£1-10s	3
Tachwedd 10fed	Tyddyn Felin	£1-19s	6½
Tachwedd 12fed	Penfras Isaf	£1-10s	3½
Tachwedd 13eg	Penfras Uchaf	£2-14s	8
Tachwedd 14eg	Felin Llwyndyrys	£1-8s	2½
Tachwedd 17eg	Mynydd Mawr	£2-10s	7
Tachwedd 18fed	Werddon	£1-10s	5½
Tachwedd 26ain	Penmaes	£1-10s	3
Tachwedd 27ain	Ty'n Llannor	£2-2s	6
Tachwedd 28ain	Brynaerau	£1-13s	4½
Rhagfyr 1af	Frochas	£2-2s	6
Rhagfyr 2il	Ty'n Mynydd	£1-10s	3
Rhagfyr 3ydd	Bryn Dowchydd	£1-12s	4
Rhagfyr 4ydd	Cerniog Bella	£1-12s	4
Rhagfyr 10fed	Tŷ Mawr	£1-13s	4½

Dyma eto gyfrifon o daith ddyrnu yn Llŷn yn 1931 – taith o Foduan i Lithfaen gan ddyrnwr Jarret Hughes, Foel Uchaf, Llanllyfni. Roedd Jarret yn berchen sawl dyrnwr a byddai un ohonynt wastad yn cael ei gadw yn Llŷn.

Dyma gyfrifon y daith o Foduan i Lithfaen:

1931

Oriau dyrnu	Enw'r ffarm	A'r tâl
6	Nant Bach	£2-4s
3	Ty'n Mynydd	£1-10s
5	Tan Graig	£1-17s
4	Nant	£1-10s
3	Ty'n Coed	£1-10s
3	Bryncynan	£1-10s
6	Bytacho Wen	£2-4s
5½	Bytacho Ddu	£2-0s
3	Fron Olau	£1-10s
5¾	Hobwrn	£2-3s
3	Tyn gau	£1-10s
5½	Wern	£2-0s
4	Bodlias	£1-10s
3½	Tŷ Mawr	£1-10s
2	Hen Fôr	£1-10s
5	Pistill	£1-17s
2	Refal Penant	£1-10s
5	Gwnus	£1-17s
5½	Cefnudd	£2-0s
3	Llithfaen Ganol	£1-10s
5	Uwchlaw Ffynnon	£1-12s

Yn ôl y ffigyrau uchod, yr oedd y gost am osod y dyrnwr yn £1-10s am bedair awr, ac yna saith swllt am bob awr ychwanegol. Byddai'n rhaid talu'r pris sylfaenol o £1-10s hyd yn oed os na fyddai ond dwy neu dair awr o waith. Yn ddiddorol iawn yr oedd pris dyrnu wedi gostwng o'i gymharu â'r hyn oedd dair blynedd ynghynt. Yn 1929 yr oedd pris gosod y dyrnwr am bedair awr yn ddwy bunt ac wyth swllt yr awr wedyn; dyna effaith y dirwasgiad debyg?

Tybed ai dyma paham y cafwyd y dyrnwr cydweithredol a weithiai yn ardal Glan Afon Soch ym mhlwyf Llandegwnnin a Llangian canol y dauddegau. Roedd tuag ugain o ffermwyr yn gyfrannog yn y dyrnwr – Neigwl Ganol (Bob Parry); Neigwl Plas; Trefollwn, Trefollwyn Bach,

Pen-y-Bont Seithbont; Llandegwnnin; Tal Sarn; Bryn Llewelyn; Trewen; Barrach Fawr; Tyddyn Gwyn; Deuglawdd; Rhydolion, Glan Soch a Tywyn. Ymhen ugain mlynedd wedyn ddiwedd y pedwardegau, mentrodd tri ffarmwr yn ardal Botwnnog brynu dyrnwr a belar rhyngddynt – Faerdref, Gelliwig a Neigwl Uchaf, gan weithio gyda chriw y tair fferm.

Awn i Fôn i gael cip ar gylchdaith neu ddwy, a throi o'r A5 yn Nhyrpeg Nant i gael golwg ar gylchdaith ddyrnu dyrnwr Fferam Paradwys. Y mae'r daith yma yn ymestyn o Lanfawr (Nant yr Odyn heddiw) hyd at Lan 'Rafon ym mhlwyf Trefdraeth. O gofio mai dechrau'r 1940au yw hi a gorfodaeth aredig mewn grym, mewn daear dda yr oedd yma gropiau trymion o ydau. Dyma gychwyn dyrnu yn Llanfawr ac yna 'mlaen ar y lôn gyda godre Paradwys – Bryngors, Tyn Pwll, Felin Bach, Fferam Fawr, Capel Ffarm, Coed Hywel, Carrog, Tyn 'Rardd, Glandŵr, Llys Waen, Tŷ Calch, Tŷ Newydd, Fferam Paradwys, Bryn Llwyd, Pen Crug Mawr, Glan 'Rafon Paradwys, Morfa Brenin, Parc Paradwys, Bont Marquis, Tros yr Afon, Crochan Caffo a Glan 'Rafon Trefdraeth. Dyna daith ddyrnu o dair fferm ar hugain.

Yr oedd cylchdaith ddyrnu Plas Llandegfan yn cyrraedd i'r A5 a chyda dau ddyrnwr yr oeddynt yn teithio de'r Ynys hyd at Landdona. Yr oedd tri mab y Plas, Emyr Jones, Cledwyn ac Owen John, nid yn unig o anianawd ffermio ond roedd ynddynt ddawn beirianyddol, yn arbennig felly Emyr Jones. Gyda gorfodaeth i dreblu'r tir âr i dyfu grawn rhag i'r wlad lwgu dros y rhyfel, bu raid wrth beiriannau i aredig ac i drin y tir. Collwyd y wedd a gorchest y certmon yn agor cefn a chau y rhych. Daeth sŵn tractorau i gefn gwlad ac aroglau olew lond yr awyr. Bu i'r Swyddfa Ryfel (War-Ag) ymorol am bob peiriant ac erfyn i drin y tir. Yn wyneb y gofyn yma, daeth Brodyr y Plas yn brif gontractwyr amaethyddol y sir – yn aredig, yn hau ac yn cywain i'r sguboriau ac yn goron ar y cynhaeaf yn dyrnu gyda dau ddyrnwr. Nid rhyfedd felly y tybir mai i Blas Llandegfan y daeth y combein cyntaf i Fôn, a fu Emyr Jones fawr o dro'n meistroli cyfrinachau'r peiriant rhyfeddol hwnnw.

Symudwn o Landegfan ar hytraws yr Ynys i'r gogledd orllewin i gylchdaith ddyrnu Arthur Williams, Y Gromlech ym mhlwyf Llanfechell. Bu i Arthur dorri 'cwys fel cwys ei dad'. Yr oedd John Williams, fel y bu inni sylwi, yn geffylwr tan gamp. Yr oedd Arthur yn beiriannydd medrus i drin a thrafod peiriant. Tybed ai Arthur Williams oedd y 'dyn dyrnwr' olaf yn Sir Fôn? Bu wrthi hyd at 1965 ac oes newydd wedi gwawrio ym mhen draw un Sir Fôn. Taclau ddoe oedd yr injian stêm a'r tracsion bellach a dyddiau'r dyrnwr mawr wedi eu rhifo. Ond aeth Arthur y Gromlech â'r dyrnwr i ganol chwedegau'r 20fed ganrif.

Cadwodd Arthur gyfrifon dyrnu y pum mlynedd olaf yn hanes y dyrnwr mawr yng nghornel bella'r Ynys:

1961

Mr J. Roberts, Mynachdu	Threshing and Baling	13 hours	30/- yr awr	£19-10s
Mr J. Roberts, Mynachdu	Threshing and Baling	7 hours	30/- yr awr	£10-10s
Mr Cadman, Mynydd Ithel	Threshing and Baling	8.30 hours	30/- yr awr	£12-15s
Mr T. Jones, Tai Hirion	Dyrnu a Belio	2.30 awr	pris gosod	£5-5s
Mr Elis Roberts, Tregof Isaf	Dyrnu a Belio	6 awr	30/- yr awr	£9-0s
Mr Jones, Tyddyn Fadog	Dyrnu a Belio	5 awr	30/- yr awr	£7-10s
Mr W. Williams, Penbryn	Dyrnu a Belio	10 awr	30/- yr awr	£15-0s
Mr H. Owen, Peibron	Dyrnu, dim Belio	8 awr	20/- yr awr	£8-0s
Mr G. Owen, Foel Fawr	Dyrnu a Belio	10 awr	30/- yr awr	£15-0s
Mr M. Owen, Tyddyn Bach	Dyrnu, dim Belio	4 awr	20/- yr awr	£4-0s
Mr Owen, Fodol Llyn	Dyrnu a Belio	12 awr	30/- yr awr	£18-0s
Mr Williams, Glegyrog Blas	Dyrnu a Belio	11 awr	30/- yr awr	£16-10s
Mr H. Williams, Caerdegog Isaf	Dyrnu a Belio	7 awr	30/- yr awr	£10-10s
Mr R. Roberts, Plas Cemlyn	Dyrnu, dim Belio	8.30 awr	20/- yr awr	£8-10s
Mr T. Roberts, Tyn Llan	Dyrnu, dim Belio	3.30 awr	20/- yr awr	£3-10s
Mr T. Jones, Fronddu	Dyrnu, dim Belio	10 awr	20/0 yr awr	£10-0s
Mr Jones, Tŷ Rhos	Dyrnu a Belio	8 awr	30/- yr awr	£12-0s
Mr Hughes, Criw	Dyrnu a Belio	3.30 awr	30/- yr awr	£5-5s
Mr Owen, Bryn Awelon	Dyrnu a Belio	5 awr	30/- yr awr	£7-10s

1962

Mr W. Jones, Tyddyn Fadog	Dyrnu a Belio	4.30 awr	30/- yr awr	£6-15s
Mr Jones, Llanol	Dyrnu a Belio	7 awr	30/- yr awr	£10-10s
Mr R. Jones, Cae Adda	Dyrnu a Belio	3 awr	pris gosod	£5-5s
Mr T. Williams, Cae Owen	Dyrnu a Belio		pris gosod	£3-0s
Mr Owen, Bryn Awelon	Dyrnu a Belio	3 awr	30/- yr awr	£4-10s
Mr Owen, Peibron	Dyrnu, dim Belio	10 awr	22/- yr awr	£11-0s
Mr Humphreys, Penrallt	Dyrnu a Belio		pris gosod	£5-0s

1963

Mr J. Jones, Rhos Isaf	Dyrnu a Belio	4 awr	32/- yr awr	£6-8s
Mr W. Jones, Tyddyn Fadog	Dyrnu a Belio	4.30 awr	32/- yr awr	£7-4s
Mr O. Owen Brynclyni	Dyrnu, dim Belio	4.30 awr	25/- yr awr	£5-12s
Miss Thomas, Ucheldregoed	Dyrnu a Belio	9 awr	32/- yr awr	£14-8s
Mr Owen, Bryn Awelon	Dyrnu a Belio		pris gosod	£4-10s
Mr E. Parry, Penbont	Dyrnu a Belio	3 awr	32/- yr awr	£4-16s
Mr Owen, Fodol Llyn	Dyrnu a Belio	5.30 awr	32/- yr awr	£8-16s
Mr G. Owen, Foel Fawr	Dyrnu a Belio	6 awr	32/- yr awr	£9-12s
Mr R Jones, Tyddyn	Dyrnu a Belio	9 awr	32/- yr awr	£14-8s
Mr Williams, Glegyrog Blas	Dyrnu a Belio	12 awr	32/- yr awr	£19-4s
Mr H. Williams, Caerdegog Isaf	Dyrnu a Belio	12 awr	32/- yr awr	£19-4s
Mr Roberts, Tai Hen	Dyrnu a Belio	7.30 awr	32/- yr awr	£12-0s
Mr R. Hughes, Criw	Dyrnu a Belio	11 awr	32/- yr awr	£17-12s

1964

Mr Roberts, Tai Hen	Dyrnu a Belio	9 awr	32/- yr awr	£14-8s
Mr J. Jones, Rhos Isaf	Dyrnu a Belio	5 awr	32/- yr awr	£8-0s
Mr H. Owen, Fferam y Llan	Dyrnu a Belio	5 awr	32/- yr awr	£8-0s
Mr W. Jones, Pen Cefn	Dyrnu a Belio	5 awr	32/- yr awr	£8-0s
Mr E. Rowlands, Penyrorsedd	Dyrnu a Belio	8 awr	32/- yr awr	£12-16s
Mr H. Jones, Penyrorsedd	Dyrnu a Belio	10 awr	32/- yr awr	£16-0s
Miss Thomas, Ucheldregoed	Dyrnu a Belio	10 awr	32/- yr awr	£16-0s
Mr G. Owen, Foel Fawr	Dyrnu a Belio	9.30 awr	32/- yr awr	£15-4s

1965

Miss Thomas, Ucheldregoed	Dyrnu a Belio	14 awr	32/- yr awr	£22-8s
Mr J. Jones, Rhos Isaf	Dyrnu a Belio	5 awr	32/- yr awr	£8-0s
Mr H. Hughes, Rhald	Dyrnu a Belio	4 awr	32/- yr awr	£6-8s
Mr R.T. Jones, Penygroes	Dyrnu a Belio	6 awr	32/- yr awr	£9-12s
Mr W. Jones, Pencefn	Dyrnu a Belio	4 awr	32/- yr awr	£6-8s
Mr J. Rowlands, Penorsedd	Dyrnu a Belio	4.30 awr	32/- yr awr	£7-4s
Mr E. Parry, Penbont	Dyrnu a Belio	4 awr	32/- yr awr	£6-8s
Mr H. Jones, Penyrorsedd	Dyrnu a Belio	5 awr	32/- yr awr	£8-0s
Mr G. Owen, Foel Fawr	Dyrnu a Belio	9 awr	32/- yr awr	£14-8s

Pan ddaeth oes y dyrnwr mawr i ben troes Arthur at y peiriant rhyfeddol newydd, y combein: fu'r fath newid erioed. Nid yn unig bu iddo gyfannu cynaeafu, y cywain a'r dyrnu ond bu iddo newid ansawdd a chymeriad y cynhaeaf. Yn dâl da am galedwaith diwrnod dyrnu, câi'r

Rhan o lyfr cownt Hendra Bach, Rhosfawr, Hydref 1936

criw hwyl a difyrrwch yng nghwmni'i gilydd – digon i sychu'r chwys. Daeth diwrnod dyrnu bellach yn ddiwrnod unig ryfeddol. Cwynai Arthur Williams iddo dreulio diwrnod maith yn gwrando hymian undonog y dyrnwr medi a heb air efo'r un creadur byw, dim ond y cariwr grawn yn codi'i fawd i ddweud fod y trelar yn llawn. Bellach doedd yr un lygoden fawr na bach i'w gweld yn unman! Collwyd y cinio dyrnu am byth! Fe gafwyd creision tatws yn lle tatws rhost, cig mochyn ar fara brown yn lle bara brith, anghofiwyd y pwdin cwd a'r pwdin brith a chafwyd pwdin reis mewn tun. Doedd y dyrnwr newydd ddim yn ffrind i'r plant na'r plant yn ffrind iddo yntau. Collwyd trengla o fywyd cymdeithasol cefn gwlad am byth.

*Arthur Williams, Cromlech yn cystadlu yn
Ras Aredig Dyffryn Cleifiog 1962*

Pennod 8

Ail Ddyrniad

Diolch byth, ni bu diwedd ar y diwrnod dyrnu. Roedd yn achlysur llawer rhy bwysig i'w anghofio ac roedd y dyrnwr mawr ei hun yn llawer rhy uchel ei barch i'w daflu i'r domen sgrap. Byddai angen tomen go fawr i'w ddal beth bynnag, oni byddai?

Daeth diwedd ar oes y dyrnwr mawr a'i safle hanfodol yng nghalendr y fferm ddiwedd y 60au neu ddechrau 70au'r ugeinfed ganrif, bron ganrif union er iddo ddechrau tramwyo ei gylchdeithiau drwy gefn gwlad Cymru. Cafodd ei oddiweddyd gan dreigl y chwyldro technolegol parhaus a'r datblygiadau economaidd dibaid fu mor nodweddiadol o hynt a helynt amaethyddiaeth y ddwy ganrif flaenorol.

Wrth iddo gael ei ddisodli gan y dyrnwr medi daeth yn anoddach cael y rhanddarnau priodol i'r dyrnwr mawr wrth iddo heneiddio ac i ryw ran allweddol dorri. Roedd yn anoddach fyth cael rhanddarnau i'r beindar gynhyrchai'r sgubau i fwydo safn drachwantus y behemoth o beiriant.

Troi wna'r rhod ac yn yr 1970au a'r 80au roedd cyfnod newydd yn hanes cefn gwlad ar gychwyn. Daeth diwedd ar y ffermio cymysg aml ei chrefft a gwawriodd oes oedd yn llawer mwy arbenigol a pheirianyddol, oes pan na ellid ennill bywoliaeth ar ffermydd bychain a thyddynnod mwyach. Gwelwyd uno fferm wrth fferm a ffermio'n dŵad yn fusnes yn hytrach na ffordd o fyw.

Cyn hir daeth India Corn i gymryd lle'r cnydau haidd a cheirch arferai glytio cefn gwlad â'u melyn at ddiwedd yr haf a'r hydref. Buan yr aeth meysydd oedd â 'Chedyrn iach ydau aeddfedawl'[1] ynddynt yn brin ac aeth y dyrnwr medi bondigrybwyll yntau'n brin erbyn hyn a hyd yn oed diflannau'n gyfangwbl o bobman heblaw am y tiroedd brasaf.

Ond diolch byth fe gafwyd *ail ddyrniad* dan nawdd Cymdeithas Diogelu Hen Beiriannau Amaethyddol Gogledd Cymru[2]. Fe drefnwyd *Diwrnod Dyrnu* cyhoeddus tua chanol saithdegau'r ganrif ddiwethaf yng Nglynllifon. Fu erioed ddiwrnod difyrrach yn arbennig i'r genhedlaeth iau – y rhai nad adnabu erioed sŵn dyrnwr. Ond yr oedd ei weld a chlywed ei sŵn yn fiwsig i glust y rhai hŷn. Prif atyniad y Diwrnod Dyrnu hwnnw i laweroedd oedd gweld y dyrnwr mawr wrth ei waith a'r hen injian stêm yn ei droi.

> Y gwyllt beiriant yn gwellt boeri, – a sŵn
>   Ynddo sydd a miri;
> O groen llawn daw grawn yn lli –
> Tisian wrth lyncu teisi.

Eifion Hedd (John Hughes) Cefn Pentre, Llwyndyrys

Ond yr oedd cynnal y Diwrnod Dyrnu yn gryn gost ac yn waith trafferthus iawn heb sôn am ofynion newydd iechyd a diogelwch. Yr oedd hi'n llawer haws i'r gymdeithas newid ac arddangos hen beiriannau yn llonydd ar y maes. Er hynny, deil yn arddangosfa hynod o ddiddorol a gwerthfawr.

Ond ni ddistawodd yr hen ddyrnwr o'r wlad! Gyda diwedd yr 20fed ganrif yr oedd pawb o'r bron, yn edrych ymlaen yn eiddgar i groesawu'r ganrif newydd, yn wir y mileniwm. Erbyn hyn yr oedd technoleg fodern wedi gweddnewid bywyd pawb, yn arbennig ym myd amaeth, a chafwyd peiriant i gyflawni pob gwaith. Ond yr oedd criw bach yng nghylch Amlwch yn mynnu nofio yn erbyn y llif ac am ddod â rhai o'r hen beiriannau i'r ganrif newydd. Ymhlith y rhain yr oedd y *dyrnwr mawr*. Fel y cyfeiriwyd eisoes, yr oedd yna gymeriad yn perthyn i hwn.

Gyda brwdfrydedd y criw dethol hwnnw – Wil Betws a'i briod Marilyn, Hugh Williams Teilia, John Llaethdy, Trefor Alan a Griff Lastra, John Williams o Gaernarfon a Hugh Walton, Brynrefail (John Williams oedd perchennog y dyrnwr), fe sefydlwyd Cymdeithas Diwrnod Dyrnu Amlwch a'r Cylch. Yr oedd y criw, ar sail eu diddordeb neilltuol mewn hen beiriannau, yn aelodau selog o Gymdeithas Hen Beiriannau Plas Coch glannau'r Fenai. Ond peiriannau llonydd a distaw oeddynt yno – dyrnwr distaw? Daeth awydd am weld a chlywed yr hen beiriannau wrth eu gwaith unwaith eto fel y proffwyd Eseciel am weld bywyd yn yr esgyrn sychion hynny. Felly'r criw dethol o Amlwch, mynnent adfer yr hen ddyrnwr yn ôl i'w ogoniant a dwyn yn ôl y diwrnod dyrnu a'i firi iach.

Ond hawdd ydi breuddwydio, y mae'n gwbl wahanol rhoi'r freuddwyd mewn grym. Mae'r criw yma a ffurfiodd Gymdeithas Diwrnod Dyrnu Amlwch a'r Cylch i'w hedmygu'n fawr am eu dycnwch di-ildio yn troi breuddwyd yn ffaith; nid peth hawdd yw nofio yn erbyn y llif. Yr oedd pob dyrnwr mawr a bach wedi eu rhoi i gadw unwaith ac am byth – 'mieri lle bu mawredd', ac aeth y ffust yn erfyn dieithr i berthyn i greiriau ddoe.

Ond fe ddaeth bywyd yn ôl unwaith eto i'r esgyrn sychion hyn. Clywyd sŵn dyrnwr unwaith eto ym Medi 1997[3]. Yr oedd y fath sŵn nid yn unig yn fiwsig hiraethus i glust y rhai a gofiai oes y dyrnwr, ond i'r to iau na chlywsant erioed sŵn mor wahanol i bob sŵn arall. Yr oedd y cyfan yn ennyn rhyw chwilfrydedd ym mhawb, o'r plentyn yn awchu am y newydd i'r hynafgwr oedd am groesawu un o daclau ddoe yn ôl. Eto, doedd pethau ddim yn hollol yr un fath – pobl yn mynd i ddyrnu yn eu dillad dydd Sul heb bicfforch na sach rhag cawod, talu am weld lle gynt y caem ein talu a chael cinio gwerth eistedd wrtho. Ond beth ydi'r ots, diolch i'r criw bach brwdfrydig o gylch Amlwch am roi blas inni bawb o ddarn pwysig o hanes ddoe yng nghefn gwlad.

Mi fu'r fenter yn llwyddiant! Mae'n ddi-os fod llwyddiant unrhyw fenter o'r fath yn dibynnu ar yr ysgrifennydd a chafodd y Gymdeithas yma ysgrifenyddes arbennig iawn yn Marilyn Hughes, priod Wil Betws. Bu'r ddau yn ysbardun heintus i'r pwyllgor. Bu llaw Marilyn yn drwm ar lyw Cymdeithas y Diwrnod Dyrnu gydol y blynyddoedd a chyda phwyllgor mor frwdfrydig, bu raid i'w throed fod ar y brêcs hefyd! Ac eto mae galwad i fentro yn hanes pob cymdeithas os ydi hi am ffynnu a byw.

Daeth yr alwad honno yn gynnar yn y mileniwm newydd – rhyw swnian am gael injian stêm i droi'r dyrnwr. Roedd y ffordan bach, er yn hen, eto doedd hi ddim yn creu awyrgylch yr hen ddiwrnod dyrnu. Cofiwn ddyhead y plentyn hwnnw gynt –

Gyrrwr injian-stêm i ddyrnu
Fyddaf innau ar ôl tyfu –
Symud lifars, troi olwynion
Dyna waith wrth fodd fy nghalon.

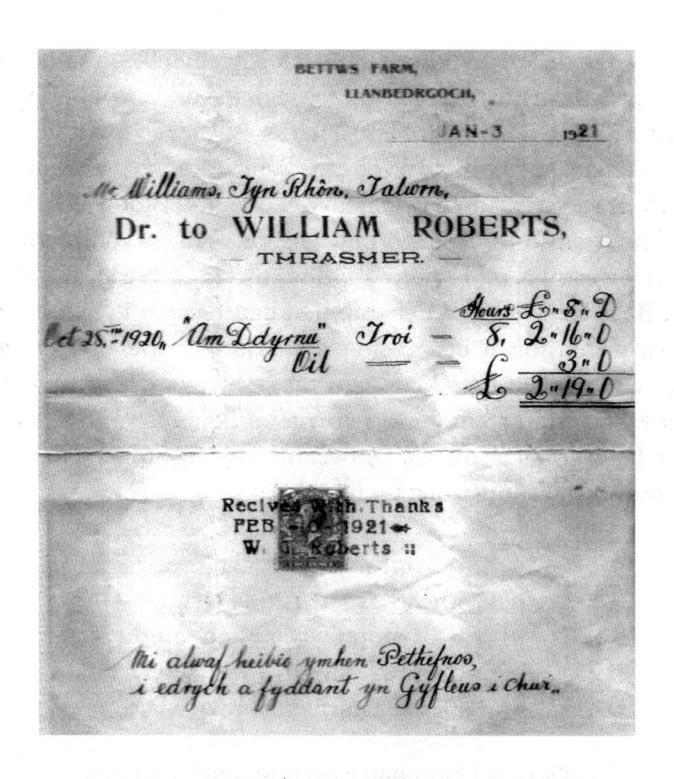

Bil dyrnu William Roberts, Betws, Llanbedrgoch, 1921

Ar ddechrau chwedegau'r ganrif ddiwethaf, mi werthodd William G. Roberts, Betws, Llanbedrgoch ei dracsion stêm i ryw Mr Buffer o Fanceinion. Yr oedd William Roberts y Betws yn ddyn dyrnwr reit amlwg yn ei ddydd ac yn teithio darn helaeth o ganol y sir. Ar wahân i fod yn ddyn dyrnwr, yr oedd William Roberts yn gymeriad diddorol a diddan a chafodd ef a'i ddyrnwr wahoddiad i un o raglenni cyntaf 'Cefn Gwlad' gyda Dai Jones. Bu cryn sôn a siarad am y rhaglen gan ei bod mor nodweddiadol o fywyd cefn gwlad. Yn ffodus, mae gennym fil dyrnu yn llawysgrif gelfydd William Roberts, bil ydyw i William Williams, Tyn yr Onn, Talwrn sef taid i W. R. Williams (Swyddog ADAS). Bellach mae'r bil hwn yn ddarn pwysig o hanes yr 20au llwm a thlawd.

Ond beth am y tracsion stêm? Bu i'r gŵr o Fanceinion ei werthu i George Train o Bridgwater yng Ngwlad yr Haf a dyma'i yrru ymhellach fyth o Fôn. Fe ddaeth Wil Betws (Cemaes) yn gyfeillgar â mab William Roberts, y dyn dyrnwr o Lanbedrgoch, a dyma ddau Wil Betws – y naill o Gemaes a'r llall o Lanbedrgoch! Dichon mai ar sail hynny y daeth Wil Betws (Cemaes) i gysylltiad â George Train, perchen y tracsion stêm o Fôn. Daeth y cysylltiad yn gyfeillgarwch y manteisiodd Wil arno i holi ynghylch y tracsion stêm. Mi roedd meddwl am brynu'r fath beiriant allan o'r cwestiwn ond tybed a fyddai modd ei hurio am ddiwrnod dyrnu. Bu Wil yn ddigon deheuig neu hen ffasiwn i gytuno i George ddanfon y tracsion o Bridgwater am bris y dîsl. Rwy'n credu y câi George wyliau rhad hefyd yng ngwynt iachus y môr yng Nghemaes a chafodd y tracsion stêm wyliau yn y sir a fu'n gychwyn y daith iddo. Aeth y Diwrnod Dyrnu yn Ddiwrnod Dyrnu Stêm bellach. Dyma hysbysiad o'r diwrnod arbennig hwnnw:

Amlwch a'r Cylch
Cymdeithas Diwrnod Dyrnu
Diwrnod Dyrnu Stêm
Dydd Sadwrn, Medi 13eg, 2003
Penrallt, Penrhyd, Amlwch

Dowch i fwynhau diwrnod o hel atgofion
pan fyddwn yn estyn croeso i Queenie y tracsion stêm.
Bydd y tracsion yn gweithio'r dyrnwr o wneuthuriad Ransome,
Simms & Jeffreys o eiddo J. a C. Williams, Caernarfon.

Y cam nesaf yn hanes y Gymdeithas fu chwilio am ddyrnwr iddynt eu hunain. Erbyn diwedd degawd gyntaf yr 21ain ganrif, yr oedd y Gymdeithas mewn safle ariannol i brynu dyrnwr. Fe gafwyd hanes dyrnwr yn Sir Gaerfyrddin – pen draw'r byd! Doedd dim amser i'w golli. Llogwyd bws mini i'r daith gyda hanner dwsin o wŷr dethol addas i brynu dyrnwr – Wil Betws, Geraint Tai Hen, Arthur Gromlech, Allan Richards, John Llaethdy a Trevor Allan. Bu'r daith yn faith ac yn hynod o anghyffordddus ac anesmwyth. Dyma gyrraedd i ryw garej ynghanol Sir Gaerfyrddin. Yr oeddynt, bawb ohonynt yn eu dyblau ac yn gloffion a chwmanllyd. Eglurodd John Llaethdy i ddyn y garej mai parti bach o gartref henoed o Sir Fôn oeddynt!

AMLWCH A'R CYLCH CYMDEITHAS DYRNU

DIWRNOD DYRNU STÊM

Diwrnod Dyrnu Stêm
Dydd Sadwrn Medi 13eg
2003
Penrallt, Penrhyd,
Amlwch, Ynys Môn

Mae blywddyn arall wedi mynd heibio a phawb yn edrych ymlaen at y Diwrnod Dyrnu Stêm flynyddol. Cynhelir y diwrnod arbennig yma Dydd Sadwrn Medi 13eg 2003 yn Penrallt, Penrhyd, Amlwch, Ynys Môn trwy garedigrwydd Will a Marilyn Hughes.

Beth am droi i mewn i fwynhau diwrnod o hel hen atgofion pan fyddwn yn estyn croeso i 'Queenie' (yr injan stem) eto eleni. Bydd yr injan yn gweithio'r Dyrnwr o wneuthuriad Ransome, Simms &. Jeffreys o eiddo J a C Williams Caernarfon.

Wrth baratoi am y diwrnod, bydd yr ŷd yn cael ei dorri gan ddefnyddio Beindar ac yna yn cael ei adael mewn stwc am dair wythnos yn ôl y traddodiad ac ar y diwrnod bydd yn cael ei gario i'r cae ar gyfer y dyrnu.

Mae'r Gymdeithas yn hynod ddiolchgar am gefnogaeth ariannol Cymunedau'n Gyntaf. Awdurdod Datblygu Cymru a'r Cyngor Tref.

Edrychwn ymlaen i gael eich cwmni.

Gweithgareddau Ychwanegol
☞ Arddangosfa o hen dractorau a hen gelfi fferm
☞ Llanerchymedd Motor Cycle Club
☞ Gwynedd Axemen
☞ Vintage Cars & Bicycles
☞ Home Produce competition
☞ Grand Raffle will be drawn on the field.

Further information & entry forms for all exhibits and home produce section -
contact the secretary :
Mrs M. Hughes 01407 710 007
Betws Farm, Cemaes, Ynys Mon LL67 ONA

Admission fee:
Adults £2.50
Children Free *
plus free parking
Toilets & Caterers on site

DYDD SADWRN MEDI 13EG 2003

Dyma lun o Wil Betws yn ei afiaith yn gyrru Queenie o'r Betws y tu allan i Gemaes i Benrallt yn Amlwch. Chafodd neb erioed y fath sylw ar y daith honno – injian stêm yn 1999, a'r mwg du yn byrlymu o'r corn tal.

Wedi holi a stilio fe ddaethpwyd o hyd i'r dyrnwr. Mi roedd un olwg arno yn ddigon. Yn ôl un o'r criw – 'pentwr o goed tân!' Dychwelyd i Fôn yn ddigon pendrist ond yn dal yn ffyddiog. Cafwyd hanes dyrnwr eto a hynny yn yr un sir ond fe deithiwyd mewn ceir moethus y tro hwn. Fu'r peirianwyr fawr o dro â chytuno am bris o bymtheg cant o bunnoedd a'i ddanfon i Fôn am bris dîsl eto. Bellach yr oedd gan y Gymdeithas ei dyrnwr ei hun ac yn ffodus o ddyn profiadol fel Arthur Gromlech i gadw llygaid arno.

Ar wahân i gyfraniad hanesyddol fuddiol, y mae gweithgaredd y Gymdeithas yn rhoi adloniant gwerth chweil i'r teulu cyfan – y mae'n achlysur cymdeithasol gwerthfawr. Tynnu pobl at ei gilydd fu nodwedd yr hen ddyrnwr erioed – tynnu cymdogaeth amaethyddol at ei gilydd – gorfodi ffermwyr a thyddynwyr i *ffeirio* â'i gilydd a dibynnu ar ei gilydd. A dyma'r Diwrnod Dyrnu newydd – *yr ail ddyrniad* yn dal i dynnu pobl cylch o ardaloedd at ei gilydd.

Ond mae gan y Gymdeithas yma gyfraniad unigryw arall sef cynnal diwrnod agored i blant ysgolion y cylch, diwrnod a brofodd yn llwyddiant mawr gan ddod â thri chant a hanner o blant i'r cae ddiwrnod cyn y Diwrnod Dyrnu, er mwyn dangos rhai o hen arferion byd amaeth. Roedd arddangosfa gwneud rhaffau gwellt a dangos sut y gwnaent ymenyn ers talwm. Daeth cyfeillion o Felin Llynnon, Llanddeusant yno a chafodd pob un o'r plant dorth ffres yn syth o flawd y felin. Cafwyd cystadleuaeth i bob un plentyn wneud bwgan brain ac Ysgol Gynradd Llanfechell a fu'n fuddugol yn 2003.

Dyma enghraifft o lythyr anfonwyd i ysgolion y sir y flwyddyn wedyn gan Marilyn ar ran y Gymdeithas.

'Ysgrifennaf atoch ar ran y Gymdeithas Diwrnod Dyrnu i'ch hysbysu fod dau Ddiwrnod Agored wedi eu trefnu eleni (2004) sef dydd Iau a Gwener, Medi 9fed a'r 10fed ym Mhenrallt, Penrhyd, Amlwch.

Gobeithio y gallwch ymateb ar droad y post er mwyn mynd ymlaen gyda'r trefniadau. Cofiwch am y gystadleuaeth o wneud Bwgan Brain.'

Y mae cofnodion o ymateb athrawon a rhai o'r plant i'r Diwrnod Dyrnu'n hynod o ddiddorol. Dyma air gan brifathrawes Ysgol Gymuned Llanfechell –

'Diolch am ddiwrnod arbennig iawn yn llawn hwyl ac addysg yn neilltuol gan ein bod yn gwneud prosiect ar ddatblygiadau mewn amaethyddiaeth.'

Dyma nodyn o ddiolch gan Richard Jones, pennaeth Ysgol Gynradd Cemaes (Medi 15, 2004):

'Diolch am y gwahoddiad i'r "diwrnod dyrnu". Yn wir roedd yma gyfoeth o hanes amaethyddol o'r radd flaenaf i'r plant flasu ynddo. Yn sicr mwynhaodd y plant eu hunain yn fawr iawn gan adael hefo blas o'r cynfyd, a diolch am y dorth!'

Bu i brifathro Ysgol Gymuned Moelfre, Arfon Jones, roi diolch ar ran yr ysgol ar gân:

> Diolch am gael gweld y peiriannau
> Y ripar, y gwŷdd, beindar, tractorau,
> Torth bob un i blant y fro
> A gweld y dyrnwr yn rhoi tro.
> Diolch o galon, cofion cynhesa'
> Fe'ch gwelaf eto'r flwyddyn nesa'.

Beth yn well i dopio'r stwc na'r ysgub hon yn niweddglo Awdl Y Cynhaeaf, Dic Jones:

> 'Tra bo dynoliaeth fe fydd amaethu,
> A chyw hen linach yn ei holynu,
> A thra bo gaeaf bydd cynaeafu
> A byw greadur tra bo gwerydu,
> Bydd ffrwythlonder tra pery – haul a gwlith,
> Yn wyn o wenith rhag ein newynu.'

Ac mi fydd raid dyrnu ac mi fydd raid wrth ddyrnwr o fath.

---

[1] Golygfa o ben Garn Bentyrch, Eben Fardd, 1849:
> Meysydd a choed grymusawl – a chedyrn
>   Iach ydau aeddfedawl;
>   Cantorion cu naturiawl
> Yn eu mysg yn canu mawl.

[2] 'Dathlu'r Deugain', Emlyn Pennant Thomas, *Fferm a Thyddyn* 57 (2016)

[3] 'Cymdeithas Dyrnu Amlwch a'r Cylch', Wil Hughes, *Fferm a Thyddyn* 56 (2015)